建筑工程数字建造经典工艺指南
【室内装修、机电安装
（地下部分）】

《建筑工程数字建造经典工艺指南》编委会　主编

中国建筑工业出版社

图书在版编目（CIP）数据

建筑工程数字建造经典工艺指南. 室内装修、机电安装. 地下部分 /《建筑工程数字建造经典工艺指南》编委会主编. — 北京：中国建筑工业出版社，2023.2
ISBN 978-7-112-28291-3

Ⅰ. ①建… Ⅱ. ①建… Ⅲ. ①数字技术-应用-室内装修-指南②数字技术-应用-机电设备-建筑安装工程-指南 Ⅳ. ①TU7-39

中国版本图书馆 CIP 数据核字（2022）第 243965 号

本书由中国建筑业协会组织全国 70 余家大型企业、100 多位鲁班奖评审专家共同编写，对建筑整体从质量要求、工艺流程、精品要点等全过程进行编写，并配以详细的 BIM 图片，图片清晰，说明性强。本书对于建设高质量工程，建筑工程数字建造等有很高的参考价值，对于企业申报鲁班奖、国家优质工程等有重要的指导意义。

责任编辑：张　磊　曾　威
责任校对：王　烨

建筑工程数字建造经典工艺指南
【室内装修、机电安装
（地下部分）】

《建筑工程数字建造经典工艺指南》编委会　主编

*

中国建筑工业出版社出版、发行（北京海淀三里河路 9 号）
各地新华书店、建筑书店经销
北京鸿文瀚海文化传媒有限公司制版
临西县阅读时光印刷有限公司印刷

*

开本：787 毫米×1092 毫米　1/16　印张：10½　字数：256 千字
2023 年 3 月第一版　2023 年 3 月第一次印刷
定价：**78.00** 元
ISBN 978-7-112-28291-3
（40233）

本书指导委员会

主 任：齐骥

副主任：吴慧娟 刘锦章 朱正举

本书主要编制人员

景 万	冯 跃	赵正嘉	贾安乐	张晋勋	陈 浩
杨健康	高秋利	安占法	刘洪亮	秦夏强	邢庆毅
杨 煜	张 静	邓文龙	钱增志	王爱勋	吴碧桥
薛 刚	蒋金生	刘明生	李 娟	刘爱玲	温 军
孙肖琦	李思琦	车群转	陈惠宇	贺广利	刘润林
尹振宗	张广志	刘 涛	张春福	罗 保	马荣全
熊晓明	张选兵	要明明	刘 宏	林建南	胡安春
孟庆礼	王 喆	王巧利	王建林	赵 才	邓 斌
颜钢文	李长勇	李 维	肖志宏	石 拓	田 来
胡 箔	胡宝明	廖科成	梅晓丽	彭志勇	王 毅
薄跃彬	陈道广	陈晓明	陈 笑	崔 洁	单立峰
胡延红	卢立香	唐永讯	苏冠男	董玉磊	邹杰宗
王 成	刘永奇	李 翔	张 驰	张贵铭	周 泉
孟 静	张 旭	包志钧	胡 骏	孙宇波	王振东
岳 锟	王竟千	薛永辉	周进兵	王文玮	付应兵
迟白冰	窦红鑫	富 华	赵 虎	李晓朋	王 清
李乐荔	赵得铭	王 鑫	杨 丹	罗 放	李 涛
隋伟旭	赵文龙	任淑梅	雷 周	刘耀东	张 悦
张彦克	洪志翔	李 超	周 超	周晓枫	许海岩
高晓华	李红喜	刘兴然	杨 超	李鹏慧	甄志禄
岳明华	龙俨然	胡湘龙	肖 薇	余 昊	蒋梓明
冯 淼	李文杰	柳长谊	王 雄	唐 军	谢 奎
刘建明	任 远	田文慧	李照祺	张成元	许圣洁
万颖昌	李俊慷	高 龙			

本书主要编制单位

中国建筑业协会

中建协兴国际工程咨询有限公司

湖南建设投资集团有限责任公司

北京建工集团有限责任公司

北京城建集团有限责任公司

中国建筑一局（集团）有限公司

中国建筑第三工程局有限公司

中国建筑第八工程局有限公司

中铁建工集团有限公司

中铁建设集团有限公司

陕西建工集团股份有限公司

上海建工集团股份有限公司

上海宝冶集团有限公司

中国二十冶集团有限公司

三一重工股份有限公司

云南省建设投资控股集团有限公司

武汉建工（集团）有限公司

广东省建筑工程集团有限公司

河北建设集团股份有限公司

河北建工集团有限责任公司

天津市建工集团（控股）有限公司

广西建工集团有限责任公司

山西建筑工程集团有限公司

江苏省华建建设股份有限公司

兴泰建设集团有限公司

中天建设集团有限公司

北京住总集团有限责任公司

中建一局集团安装工程有限公司

北京六建集团有限责任公司

北京市设备安装工程集团有限公司

南通安装集团股份有限公司

济南四建（集团）有限责任公司

山东天齐置业集团股份有限公司

成都建工集团有限公司

江西昌南建设集团有限公司

河南省土木建筑学会总工程师工作委员会

成都市土木建筑学会

中湘智能建造有限公司

前　言

建筑业作为国民经济支柱产业，在推动我国经济社会持续健康发展中发挥着重要作用。经过 30 多年的快速发展，我国建筑业的建设规模、技术装备水平、建造能力取得了长足的进步，一座座彰显时代特征的建筑物应运而生，在中华大地熠熠生辉、绽放光彩。但我国建筑业"大而不强、细而不专"的局面依然存在，主要表现在机械化程度不高，精细化、标准化、信息化、专业化、智能化、一体化程度偏低，能够推动行业有序发展的供应链、价值链体系尚未建立。

如何实现我国建筑业绿色低碳、高质量发展，从"建造大国"发展为"建造强国"，建筑业与信息技术的有机融合是推动建筑业可持续发展的重要驱动力。建筑业应以大数据为生产资料，以云计算、人工智能为第一生产力，以互联网、物联网、区块链为新型生产关系，以"软件定义"为新型生产方式，重构建筑业组织模式，将生产要素、管理流程、建造技术、决策机制、检测结果等数字化，基于数据形成算法，用算法优化决策机制，提升资源配置效率，成为建筑产业创新和转型的重要引擎。

为助力建筑企业数字化转型，提升全员的质量意识、管理水平、建造能力和工程品质，推动行业高质量发展，中国建筑业协会、中建协兴国际工程咨询有限公司组织行业多位知名专家会同湖南建工、北京建工、中铁建设、陕西建工、上海建工、北京城建、中建一局、中建三局、中建八局等 70 余家企业、100 余名专家共同编制了本套书。

本套书以现行的标准规范为纲，以"按部位、全专业、突出先进、彰显经典"为编写原则，系统收集、整理了行业先进企业在创建优质工程过程中的先进做法、典型经验，引领广大读者通过深化设计、数字模拟、方案优化、样板甄选、精细度量、物模联动等方式，逐步形成系统思维，全专业策划、全过程管控、实时校验和持续提升的创优机制。根据房屋建筑的专业特点和创建优质工程要点，本套书共分为六个分册：地基、基础、主体结构；屋面、外檐；室内装修、机电安装（地上部分）1；室内装修、机电安装（地上部分）2；室内装修、机电安装（地上部分）3；室内装修、机电安装（地下部分）。通过图文并茂的方式，系统描述各部位或关键节点的外观特性、细部做法和相应的标准规范规定（部分条文摘录时有提炼和编辑）；突出了深化设计、专业协同、质量问题预防措施和工艺做法，创建了 490 多个 BIM 模型创优标准化数据族库。

由于时间紧迫，本套书只收集了部分建筑企业的工艺案例，书中难免有一些不足之处，敬请广大读者提出宝贵意见，以便我们做进一步的修订和完善。

目 录

第1章

地下室坡道

1.1 一般规定

地下车库坡道部分主要包括建筑机动车坡道墙、地、顶、雨篷、截水沟及相应的安装灯具、喷淋等。主要适用于小型、轻型车通行的车库坡道。

（1）车库坡道坡度、净高、转弯半径合理；防滑、减振、防雨、防雪功能良好，使用方便、安全可靠。

（2）地下车库坡道面层应采用强度高、耐磨、防滑性能好的不燃材料，并宜在柱子、墙阳角等凸出部位采取防撞措施。

（3）地下车库出入口及坡道低端应设置不小于坡道宽度的截水沟、耐轮压沟盖板和防止雨水倒灌的措施。

（4）出入口应按双车道进行设计，地下车库与主楼连接处应设置沉降缝。

（5）出入口应保证良好的通视条件，设置明显的减速或停车等交通安全标识。

（6）车库应有满足照度要求的灯具。车库两侧宜设置具有引导作用的指示灯具等。

（7）车库应根据地库功能要求设置喷淋装置。

1.2 规范要求

1.2.1 适用标准

（1）《民用建筑设计统一标准》GB 50352—2019。

（2）《车库建筑设计规范》JGJ 100—2015。

（3）《汽车库、修车库、停车场设计防火规范》GB 50067—2014。

（4）《建筑电气工程施工质量验收规范》GB 50303—2015。

（5）《建筑给水排水及采暖工程施工质量验收规范》GB 50242—2002。

1.2.2 规范规定

> 5.2.1 当基地内设有地下停车库时，车辆出入口应设置显著标志。

5.2.4 建筑基地内地下机动车车库出入口与连接道路间宜设置缓冲段，缓冲段应从车库出入口坡道起坡点算起，并应符合下列规定：

1 出入口缓冲段与基地内道路连接处的转弯半径不宜小于5.5m；

2 当出入口与基地道路垂直时，缓冲段长度不应小于5.5m；

3 当出入口与基地道路平行时，应设不小于5.5m长的缓冲段再汇入基地道路；

4 当出入口直接连接基地外城市道路时，其缓冲段长度不宜小于7.5m。

4.2.5 车辆出入口及坡道的最小净高应符合表4.2.5规定。

车辆出入口及坡道的最小净高 表4.2.5

车型	最小净高(m)
微型、小型车	2.20
轻型车	2.95
中型、大型客车	3.70
中型、大型货车	4.20

注：净高指从楼地面面层（完成面）至吊顶、设备管道、梁或其他构件底面之间的有效使用空间的垂直高度。

4.2.9 平入式出入口应符合下列规定：

1 平入式出入口室内外地坪高差不应小于150mm，且不宜大于300mm；

2 出入口室外坡道起坡点与相连的室外车行道路的最小距离不宜小于5.0m；

3 出入口的上部宜设有防雨设施。

3.1.7 机动车库基地出入口应设置减速安全设施。

4.1.7 对于出入口及坡道与停车区域，每层交通流线应周转畅通，且应形成上行、下行连续不断的通路，并应防止上行、下行车辆交叉。

4.2.10 坡道式出入口应符合下列规定：

1 出入口可采用单车道或双车道时，坡道最小净宽应符合表4.2.10-1的规定。

坡道最小净宽 表4.2.10-1

形式	最小净宽(m)	
	微型、小型车	轻型、中型、大型车
直线单行	3.0	3.5
直线双行	5.5	7.0
曲线单行	3.8	5.0
曲线双行	7.0	10.0

2 坡道的最大纵向坡度应符合表4.2.10-2的规定：

坡道的最大纵向坡度 表4.2.10-2

车型	直线坡道		曲线坡道	
	百分比(%)	比值(高：长)	百分比(%)	比值(高：长)
微型车 小型车	15.0	1：6.67	12	1：8.3

3 当坡道纵向坡度大于10％时，坡道上、下端均应设缓坡坡段，其直线缓坡段的水平长度不应小于3.6m，缓坡坡度应为坡道坡度的1/2；曲线缓坡段的水平长度不应小于2.4m，曲率半径不应小于20m，缓坡段的中心为坡道原起点或止点（图4.2.10）；大型车的坡道应根据车型确定缓坡的坡度和长度。

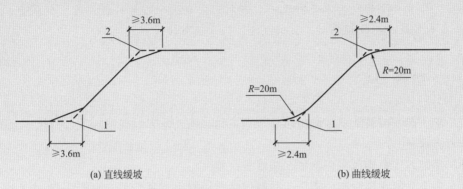

图4.2.10 缓坡
1-坡道起点；2-坡道止点

4 环形坡道处弯道超高宜为2％～6％。

4.1.11 设有道闸的机动车库，道闸应设置在车库出入口附近的平坡段上，并应留出方便驾驶员操作的空间。

4.4.1 对于有防雨要求的出入口和坡道处，应设置不小于出入口和坡道宽度的截水沟和耐轮压沟盖板以及闭合的挡水槛。

4.4.2 通往地下的坡道低端宜设置截水沟；当地下坡道的敞开段无遮雨设施时，在坡道敞开段的较低处应增设截水沟。

4.4.3 机动车库的楼地面应采用强度高、具有耐磨防滑性能的不燃材料，并应在各楼层设置地漏或排水沟等排水设施。

灯具安装（GB 50303—2015）：

18.1.2 悬吊式灯具安装应符合下列规定：

1 带升降器的软线吊灯在吊线展开后，灯具下沿应高于工作台面0.3m；

2 质量大于0.5kg的软线吊灯，灯具的电源线不应受力；

3 质量大于3kg的悬吊灯具，固定在螺栓或预埋吊钩上，螺栓或预埋吊钩的直径不应小于灯具挂销直径，且不应小于6mm；

4 当采用钢管作灯具吊杆时，其内径不应小于10mm，壁厚不应小于1.5mm；

5 灯具与固定装置及灯具连接件之间采用螺纹连接的，螺纹啮合扣数不应少于5扣。

18.1.3 吸顶或墙面上安装的灯具，其固定用的螺栓或螺钉不应少于2个，灯具应紧贴饰面。

18.1.4 条槽灯导线应采用柔性导管保护，不得裸露，且不应在灯槽内明敷；柔性导管与灯具壳体应采用专用接头。

喷头安装（GB 50261—2017）：

5.1.15条第3款：管道支架、吊架与喷头之间的距离不宜小于300mm；与末端喷头之间的距离不宜大于750mm。

5.2.2 喷头安装时，不得对喷头进行改装、改动，并严禁给喷头、隐蔽式喷头的装饰盖板附加任何装饰性涂层。

5.2.3 喷头安装应使用专用扳手，严禁利用喷头的框架施拧；喷头的框架、溅水盘产生变形或释放原件损伤时，采用规格、型号相同的喷头更换。

1.3 管理规定

（1）施工前应按设计要求进行质量策划，编写施工方案，并按规定进行技术交底，确定细部节点做法。

（2）编制并实施样板引路制度、质量奖罚制度。

（3）所涉及的设计标准、图集、验收规范等应配备齐全。

（4）施工单位应向管理人员、作业班组进行技术交底。

（5）应按照批准的工程设计文件和施工技术标准进行施工。

（6）做好各类施工记录，实时记录施工过程质量管理的内容。

（7）做好相关建筑材料、建筑构配件、设备的见证取样及复试工作。

（8）做好各项工序的隐蔽工程质量检查和验收工作。

（9）检验批、分项、分部工程质量应按规定程序进行验收，并按各专业规范要求填写检验批、分项、分部工程验收记录。

（10）土建及安装等相关各专业工种之间应进行交接检验，并经监理工程师签证后方可进行下道工序。

（11）安装专业工程完工后，施工单位应按相关专业调试规定进行调试。

1.4 深化设计

（1）提前识别图纸，确保车库出口兼顾消防安全，并符合城镇的总体规划、道路交通规划、环境保护及防火等要求，同时满足宽度、高度、坡度等要求。

（2）深化设计应重点考虑车库的净高、坡度及管线提前预留预埋。

（3）对车库面层，尽量选用防滑减振功能好、方便施工、耐久性好的混凝土、无振动环氧地面等。

（4）优化车库地面施工顺序，防止由于坡度较大造成混凝土流坠塌落而出现裂缝，应横向每隔4.5m设一道伸缩缝。

（5）车库坡道、截水沟（宽度、深度大于300mm）等应随主体结构一次成型，并与车库宽度一致。为了防止雨水倒灌，坡道入口处室内外地坪高差不小于150mm。

（6）雨篷应同步考虑预埋件埋设，端部应在排水沟垂直方向向外延伸不少于500mm，宜伸出车库侧墙两侧不小于500mm。

（7）采用铺贴石材面层或无振动环氧防滑面层时，应提前进行排板策划，保证排板分色合理，转弯处顺平无高差。

（8）车库底部设有人防门时，应考虑人防门的开启方向及角度，留有一定的平直段便于开启。

（9）车库内的坡道当坡度达到10％时，应在坡道两端做缓坡；除纵向坡度外，环形坡道应设置4％左右的横向坡度。

（10）坡道底部与车库主体设置沉降缝完全断开，在四周实体预埋橡胶止水带，沉降缝四周盖板应选择同材质、同型号材料，底部截水沟设置在靠近车库主体一侧。

（11）提前优化坡道入口处的消防、照明设施，消防、照明设施应随坡道转弯弧度居中或对称设置，高度应不影响车辆运行，转弯较急时，应考虑反射镜及线路的布设。

第2章

地下室地面

2.1　整体水泥混凝土地面

2.1.1　质量要求

（1）地下室水泥混凝土整体地面无空鼓、开裂、色差、起砂现象。

（2）混凝土强度、排水坡度符合设计要求。

（3）表面平整度误差不大于5mm，缝格直线度误差不大于3mm。

2.1.2　工艺流程

基层处理→分格排布→定位弹线→跳仓支模→铺设钢筋网片→抹找平墩、冲筋→刷水泥砂浆或素水泥浆→混凝土浇筑→激光整平机振捣整平→机械压光→养护→弹线、切缝、清理→嵌缝。

2.1.3　做法要点

（1）混凝土原材料：砂采用细度模数大于2.7的中粗河砂，粗骨料最大粒径不大于面层厚度的2/3，细石混凝土石子粒径不应大于16mm，减少或不使用粉煤灰外加剂，混凝土坍落度为160～180mm，强度等级不低于C25。

（2）根据柱网尺寸按倍数划分，混凝土采用跳仓浇筑，每幅宽度不大于4m（或相邻框架柱居中分伸缩缝），沿墙根及柱根周边等部位用10～15mm的硬质弹性材料分割后开始浇筑，混凝土初凝后机械磨光机抹面次数不少于3次，墙柱根部手工配合压光。分仓之间混凝土终凝后沿混凝土地面一侧或两侧弹线切割10～15mm，确保伸缩缝直线度后开始浇筑分仓之间混凝土，终凝后连续湿润养护不少于7d。每区段混凝土浇筑应连续进行且振捣密实，各段应一次浇筑至预定位置。

（3）跨中分格缝间距宜为4m×4m或面积不大于20m^2，缝宽5～8mm，深度不小于30mm，垫层与面层分格缝上下对应。柱、排水沟、设备基础等凸出物周边200mm处应留设分格缝，切缝在混凝土浇筑后3d结束。

2.1.4 实例或示意图

如图 2.1-1、图 2.1-2 所示。

图 2.1-1 整体水泥混凝土地面效果图

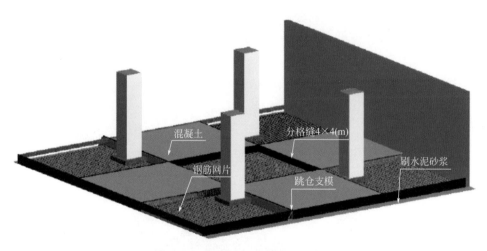

图 2.1-2 整体水泥混凝土地面做法

2.2 混凝土整体耐磨地面面层

2.2.1 质量要求

分格排布合理，不应有倒泛水和积水，表面应色泽一致，不应有裂纹、脱皮、麻面、起砂等缺陷。表面平整度允许偏差为 3mm，缝格顺直的允许偏差为 2mm。

2.2.2　工艺流程

基层处理→分格排布→定位弹线→跳仓支模→铺设钢筋网片→抹找平墩、冲筋→刷水泥砂浆或素水泥浆→混凝土浇筑→激光整平机振捣整平→撒布耐磨材料→研磨刮平→机械压光→养护→弹线、切缝。

2.2.3　做法要点

（1）墙柱根部设 150～200mm 伸缩缝。

（2）纵、横向仓格划分长度不宜大于 40m，每个独立仓格采用钢模向外扩出 30mm 支设，后期边角部分切割剔除。

（3）钢筋网片应按设计要求单层双向或双层双向布置，钢筋宜设置在面层中上部受压位置，并采用激光整平机振捣、整平，提高面层平整度；墙柱根部采用人工找平。

（4）耐磨材料第一次撒布用量宜为 2/3，第二次撒布用量宜为 1/3；第二次应在第一次撒布、研磨完成后，与第一次的方向垂直撒布。

（5）整体面层采用研磨机整平（压光机压光），墙柱根部应采用人工刮平（人工收面压光）。

（6）压光完工后 24h 洒水养护，时间不少于 7d。

（7）根据柱网设计尺寸，每仓分格缝纵横间距宜为 4～6m，分仓缝和分格缝应重合。

（8）施工环境温度不应低于 5℃；变形缝两侧 100～150mm 宽范围内的耐磨层应加厚 3～5mm。

2.2.4　实例或示意图

如图 2.2-1、图 2.2-2 所示。

图 2.2-1　分格做法示意图

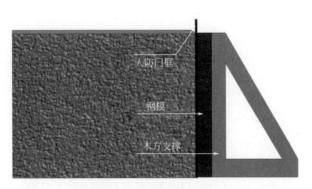

图 2.2-2 跳仓支模示意图

2.3 混凝土固化耐磨地面

2.3.1 质量要求

面层应光洁，色泽应均匀一致，不应有起泡、起皮、泛砂等现象。

2.3.2 工艺流程

清理混凝土基层→打磨→第一次喷涂固化剂→第一次抛光→第二次喷涂固化剂→第二次抛光。

2.3.3 做法要点

（1）用水清洗地面，彻底清除地面残留物。
（2）喷涂固化剂前，混凝土基层应无明水。
（3）固化剂均匀喷洒或辊涂在地面上，不得漏涂，并保持地面湿润30～45min。
（4）墙柱边角等部位，宜采用修边机等小型机械进行抛光。
（5）第二次抛光时，应采用高目数抛光机进行研磨抛光。
（6）施工环境温度不应低于5℃。

2.3.4 实例或示意图

如图2.3-1、图2.3-2所示。

图 2.3-1 混凝土固化耐磨地面效果图

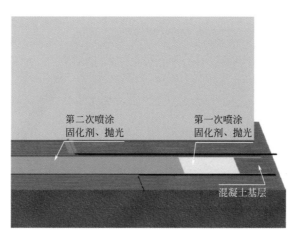

第二次喷涂
固化剂、抛光

第一次喷涂
固化剂、抛光

混凝土基层

图 2.3-2　混凝土固化耐磨地面示意图

2.4　环氧地板漆地面

2.4.1　质量要求

环氧材料质量合格，面层的表面不应有开裂、空鼓、漏涂和倒泛水、积水。面层应光洁，色泽应均匀一致，不应有起泡、起皮、泛砂等现象。

2.4.2　工艺流程

基层打磨处理→涂刷底漆→环氧砂浆修补找平→刮环氧腻子层→涂刷面漆→涂刷罩光层。

2.4.3　做法要点

（1）基层打磨处理时，用打磨机对地坪进行全面清理打磨，除去表面的浮浆、松动物及其他残留物，清理表面油污等对粘结不利的有机物。

（2）底漆施工时将主剂和固化剂按正确的比例混合均匀，采用滚筒或毛刷在基层地面上均匀施工底涂材料，使环氧树脂渗透到基层混凝土中，并与之形成牢固的粘结，为下一工序施工提供良好的界面。

（3）采用环氧砂浆对局部进行修补找平，修补前清除修补区混凝土基层表面的灰尘和油污等，对油污、空鼓、伸缩缝和不规则裂缝进行处理、切割和填补。

（4）刮环氧腻子前对表面进行清理，采用专用刮板刮涂环氧腻子，分两次进行批刮，后道环氧腻子施工应在前道腻子表干后进行。环氧腻子层完全固化后，必须立即施工面层，以确保整体效果和质量。

（5）批刮环氧面涂分两次进行，第一遍采用专用刮板批刮环氧面漆，第二遍采用辊涂环氧面涂。施工前应检查环境是否符合环氧面涂施工要求，采取措施防止环氧面涂施工时被粉尘等污染物污染。

（6）罩光层施工时辊涂一道耐磨清漆，可提高环氧地面的光泽度，增强漆膜的硬度，延长环氧地坪的使用寿命。

2.4.4　实例或示意图

如图2.4-1、图2.4-2所示。

图2.4-1　环氧地板漆地面效果图

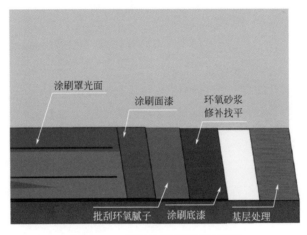

图2.4-2　环氧地板漆地面示意图

2.5　自流平地面

2.5.1　水泥基自流平地面

1. 质量要求

自流平面层的各构造层之间应粘结牢固，层与层之间不应出现分离、空鼓现象。表面不应有开裂、漏涂和倒泛水、积水等现象，面层表面应光洁，色泽应均匀一致，不应有起泡、泛砂等现象。

2. 工艺流程

基层处理→涂刷自流平界面剂或底涂→制备浆料→摊铺自流平浆料→放气→养护。

3. 做法要点

（1）基层处理前应检查基层平整度、抗压强度、含水率、裂缝、空鼓等项目，基层表

11

面有起砂、起壳、脱皮、疏松、麻面、油脂等缺陷时，应采用抛丸、铣刨等方法处理，必要时应补强处理或重新施工，直至达到施工要求。

（2）在清理干净的基层上，涂刷界面剂两遍。两次的涂刷采用不同方向，每次涂刷时滚刷应压上一刷半刷，以避免漏刷。

（3）制备浆料可采用人工法或机械法，并应充分搅拌至均匀无结块为止。在大型工程中建议使用机械搅拌，效果更好。

（4）摊铺浆料时应将自流平浆料倾倒于施工面，使其自行流展找平，也可用专用锯齿刮板辅助浆料均匀展开。放气过程宜使用消泡滚筒进行消泡处理。

（5）地面养护期需要避免强风气流，温度不能过高，养护 24h 以上，并做好成品保护措施。

2.5.2　实例或示意图

如图 2.5-1、图 2.5-2 所示。

图 2.5-1　水泥基自流平地面效果图

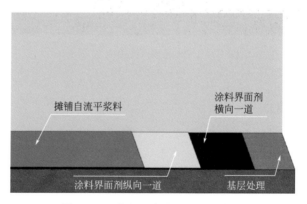

图 2.5-2　水泥基自流平地面示意图

2.5.3　树脂自流平地面

1. 质量要求

原材料的各项性能指标应符合有关标准的规定：面层的表面不应有开裂、漏涂和倒泛水、积水等现象，面层表面应光洁，色泽应均匀一致，不应有起泡、泛砂等现象。

2. 工艺流程

基层处理→涂刷底涂→批刮中涂→修补打磨→自流平面涂→放气→养护。

3. 做法要点

（1）基层处理前应检查基层平整度、抗压强度、含水率、裂缝、空鼓等项目，基层表面有起砂、起壳、脱皮、疏松、麻面、油脂等缺陷时，应采用抛丸、铣刨等方法处理，必要时应补强处理或重新施工，直至达到施工要求。

（2）底涂材料应按比例称量配制，混合搅拌均匀后方可使用，并应在产品说明书规定的可操作时间内使用。涂装应均匀，无漏涂和堆涂。

（3）中涂材料应按产品说明书的规定称量配置，混合搅拌均匀后批刮，并应在产品说明书规定的可操作时间内使用。

（4）修补打磨应待中涂固化后进行，采用打磨机对中涂层打磨，局部凹陷处可采用树脂砂浆找平修补。

（5）将面漆按比例混合，用电动搅拌器搅拌约 3～5min，搅拌均匀后倒在施工地面上，用镘刀辅助刮涂流平。放气过程宜使用消泡滚筒进行消泡处理。

（6）养护期需避免强风气流，温度不能过高，宜为 $23\pm2℃$，养护天数不少于 7d。固化和养护期，应采取防水、防污染等措施，在养护期间人员不宜踩踏养护中的树脂自流平地面。

4. 实例或示意图

如图 2.5-3、图 2.5-4 所示。

图 2.5-3 树脂自流平地面效果图

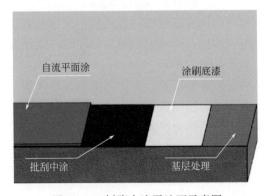

图 2.5-4 树脂自流平地面示意图

第3章

地下室门

3.1 地下人防门

3.1.1 质量要求

（1）门框安装牢固，启闭灵活，门扇与框贴合严密，能自由开启到终止位置，零部件齐全，无锈蚀损坏。

（2）门框垂直度、门扇厚度、平整度、扭曲等符合要求。

（3）人防门油漆应完整，无锈蚀污染。

（4）闭锁机构与门扇紧密贴合，所有锁头受力均匀。

3.1.2 工艺流程

人防门分类→门框安装→门框墙混凝土浇筑→门扇安装→密封条安装→验收。

3.1.3 做法要点

（1）人防门包括防护密闭门（冲击波＋毒气）、密闭门（毒气）、防爆波活门（冲击波自动关闭）。人防门由具有专业资质的企业安装。

（2）人防门框应随主体工程一次性预埋施工到位，门框墙钢筋应满足保护层要求，门框下槛钢筋、洞口下角内外斜向加强筋应随底板钢筋一次绑扎到位，人防门安装企业在底板上预埋可焊接立框的支撑预埋件，框调整校核后采用临时支撑系统进行固定，门框净宽小于1.5m时单面不少于2点支撑，大于1.5m时双面不少于3点支撑。门框墙模板独立支撑，门框两侧混凝土对称连续浇筑密实，不得有麻面现象（图3.1-1、图3.1-2）。

（3）人防工程顶梁板施工时，应按图纸设计要求位置预埋用于吊装人防门扇的吊环，门扇上下铰页受力均匀，门扇与框贴合严密，门扇关闭后密封条压缩量均匀、不漏气。

（4）密封条接头宜采用45°坡口搭接，斜向接头应避免圆弧及转角部位，每扇门密封条接头不宜超过2处，密封条固定牢靠，不得有油污等污染（图3.1-3）。

（5）人防门安装完成后应逐樘进行验收，后浇带应避让人防门框及封堵门框位置。

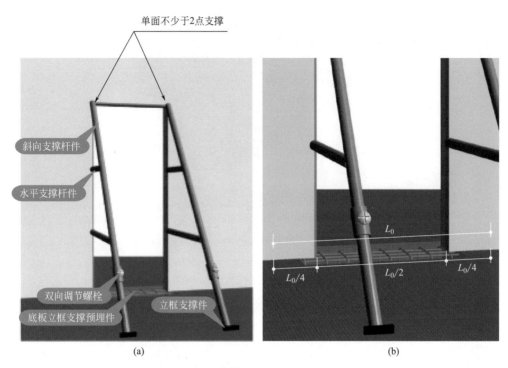

图 3.1-1 门框安装示意图（净宽小于 1.5m）

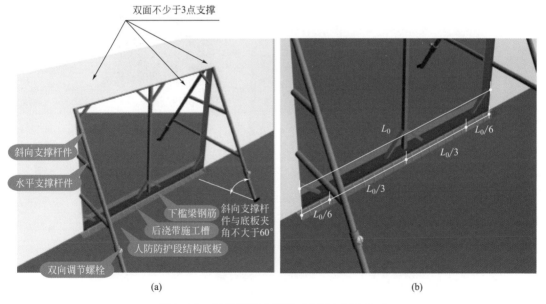

图 3.1-2 门框安装示意图（净宽大于 1.5m）

3.1.4 实例或示意图

如图 3.1-4、图 3.1-5 所示。

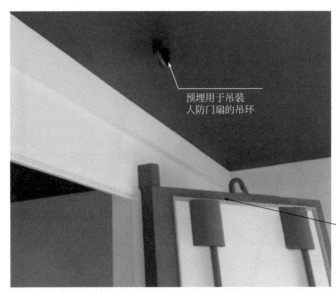

预埋用于吊装
人防门扇的吊环

密封条接头宜用
45°坡口搭接，
斜向接头应避开
圆弧及转角部位

每扇门密封条接
头不宜超过2处

图 3.1-3　门扇安装图

图 3.1-4　人防门实物图　　　　　图 3.1-5　人防门效果图

3.2　防火卷帘门

3.2.1　质量要求

（1）防火卷帘应安装牢固，相邻互锁帘板串接后转动灵活。

（2）导轨滑动面应光滑垂直，互相平行，帘面、滚轮在导轨内运行平稳顺畅。

（3）防火卷帘与楼板、墙、柱之间的缝隙应用防火封堵材料封堵，满足防火要求。

（4）防火卷帘金属零部件表面不应有裂纹、压坑及明显的凹凸、空洞、毛刺等，表面做防锈处理。

3.2.2 工艺流程

定位划线→安装边框、卷门机、卷轴、门体→装限位器→导轨安装→卷帘箱及其装饰板安装→收口条安装。

3.2.3 做法要点

（1）防火卷帘材质有钢质防火卷帘与无机纤维复合防火卷帘，启动方式有电动、手动及自动三种，控制箱有烟感、温感控制系统，既能独立动作，又能由消防中心联动控制。防火卷帘作为防火分区分隔时，卷帘两侧应设置独立的闭式自动喷水系统保护。

（2）防火卷帘与墙体的安装固定采用预埋钢板焊接或螺栓固定形式，在混凝土墙或构造柱上安装。卷轴、支架板必须牢固地安装在混凝土结构上，边框用连接件与洞口内胀栓焊牢，卷门机应设有手动拉链和手动速放装置，卷门机处防护罩应有检修口。

（3）卷筒轴保持水平位置，与导轨之间的距离应两端一致，调整、校正无误后再与支架预埋件焊接牢固。

（4）门体叶片插入滑道不得少于50mm，卷帘与导轨侧面一般留30～40mm间隙，门体宽度偏差±3mm，无机布防火卷帘两端应安装防风钩。

（5）轨道有双轨及单轨形式，导轨深度与帘板入导轨深度根据洞口宽度确定，顶部应为弧形。卷帘导轨应与地面相垂直，导轨固定点间距为600～1000mm。按钮盒距地面高度为1.3～1.5m。控制箱应安装在卷帘门机附近以便维修，连接导线不得外露，接地要可靠。

（6）卷帘箱比洞口大400～100mm，单侧卷帘箱与双侧卷帘箱尺寸要求不同。吊顶与卷帘箱间应预留50mm宽、80mm深的凹槽。

（7）防火卷帘装饰面可采用石材、不锈钢等材料，应与吊顶和墙面装饰协调。

3.2.4 实例或示意图

如图3.2-1、图3.2-2所示。

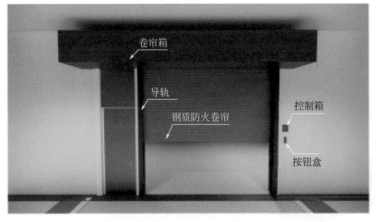

图3.2-1 防火卷帘门效果图

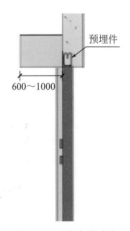

图3.2-2 防火卷帘门
预埋件示意图

第4章

地下室顶棚、墙面

4.1 纤维喷涂吸声顶

4.1.1 质量要求

吸声喷涂层无明显脱落、分层、变形、开裂和飘洒现象，阴阳角清晰、顺直，表面无裂缝。

4.1.2 工艺流程

基面清理→基底预喷→材料配置及调试→纤维喷涂施工→表面修整→清理。

4.1.3 做法要点

(1) 喷涂表面感观整体均匀，各区域表面覆盖方式一致。
(2) 喷涂表面无明显色差和色漏。
(3) 喷涂表面外观纹理自然均匀，异形部位喷涂层形状应与基底形状相同。

4.1.4 实例或示意图

如图 4.1-1、图 4.1-2 所示。

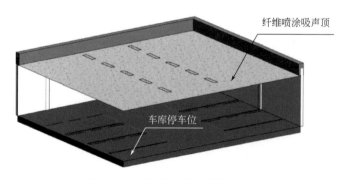

图 4.1-1 纤维喷涂吸声顶效果图一

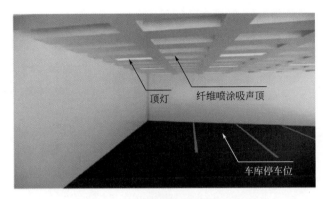

图 4.1-2　纤维喷涂吸声顶效果图二

4.2　乳胶漆顶棚、墙面

4.2.1　质量要求

如表 4.2-1 所示。

质量要求　　　　　　　　　　　　　　　　　　　　　　　　　表 4.2-1

项目	验收标准/允许偏差（mm）	检验方法
墙面表面平整度	3.0	2m 靠尺和塞尺检查
垂直度	3.0	用 2m 托线板或吊线检查
阴阳角	3.0	200mm 直角检测尺
外观质量	涂饰均匀、粘结牢固，无漏涂、透底、开裂、起皮	观察；手摸检查

4.2.2　工艺流程

清理基层→吊线、弹线→刮底层腻子→固定塑料护角→刮面层腻子→修角、打磨→刷涂料。

4.2.3　做法要点

（1）基层清理应干净，保证腻子粘结牢固。

（2）在距阴角 150～300mm 范围内弹垂直控制线，将墨线翻至阴角处弹出阴角粉线，每遍腻子都应弹一遍控制线和粉线。粉线应细而清晰，线宽不超过 1mm。

（3）底层和面层完成后，阴角采用阴角平刨进行多遍修角。阳角宜采用加塑料阳角护角的方法；不加护角时，采用铝合金靠尺在阳角两侧面反复倒尺修角。阴阳角线应达到方正，多道线角交接应清爽，汇集于一点。

（4）应用细毛刷按同方向均匀涂刷涂料，不显刷纹。幼儿经常接触的室内墙面阳角等部位应采用定制弧形阳角抹子，做成圆弧阳角。

4.2.4 实例或示意图

如图 4.2-1 所示。

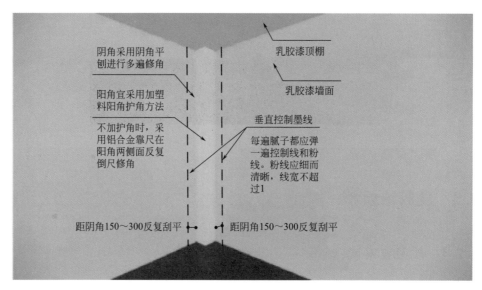

图 4.2-1　乳胶漆顶棚、墙面施工图

4.3　格栅及方通吊顶

4.3.1 质量要求

（1）平整度偏差不大于 2mm，直线度偏差不大于 1mm。
（2）表面平整、无翘曲，与墙面交接清晰。
（3）接口严密、无错台错位，纵横顺直、美观。

4.3.2 工艺流程

基础处理→弹线定位→灯具、烟感、喷淋安装→格栅拼接及安装→格栅调整。

4.3.3 做法要点

格栅吊顶安装前应确保基层处理到位，管线等位置准确，成排成行达到明装质量要求。灯具、烟感、喷淋等宜与格栅面平齐。必要时应采用深色（灰、黑）涂料对吊顶以上的墙、顶及管线进行喷涂处理。格栅和方通吊顶应采用专用龙骨和挂件安装。弹出吊顶平面中心控制线及四周标高控制线，与四周墙面接触处留置宽度一致，大面积吊顶中间应起拱；同时弹出灯具、喷淋、烟感等位置控制线，确保其位于格栅孔中心。按照格栅规格，在地面进行分块预拼后安装。整块安装时，吊点均衡且不少于 4 点。吊点间距不大于1.2m，吊点距每块边缘不大于 100mm，与墙面交接处用压条收口。方通边缘应封堵严密。拉通线调整格栅平整度、顺直度、灯具等位置，确保格栅平整顺直、拼接严密。

4.3.4　实例或示意图

如图 4.3-1～图 4.3-5 所示。

图 4.3-1　格栅吊顶效果图

图 4.3-2　灯具等器具安装图

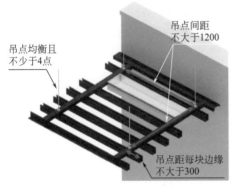

图 4.3-3　格栅吊顶安装图

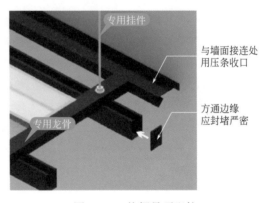

图 4.3-4　格栅吊顶配件

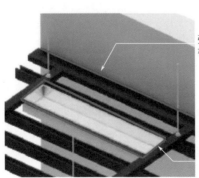

图 4.3-5　弹线定位

第5章

地下室配电室

5.1 概述

5.1.1 一般规定

（1）配电室应靠近用电负荷中心，并应设置在灰尘少、潮气少、振动小、无腐蚀介质、无易燃易爆物及道路畅通的地方。

（2）配电室位于地下层或下面有地下层时，通向其他相邻房间或过道的门应为甲级防火门，配电室门应向外开启，并应装锁。装有电气设备的相邻房间之间有门时，此门应向较低电压方向开启，且应采用不燃材料制作的双向弹簧门。长度大于7m的配电室应设两个安全出口，并宜布置在配电室的两端。当配电室的长度大于60m时，宜增加一个安全出口，相邻安全出口之间的距离不应大于40m。配电室的门的高度和宽度，宜按最大不可拆卸部件高度加0.5m、宽度加0.3m确定，其疏散通道门的最小高度宜为2.0m，最小宽度宜为750mm。

（3）配电室应设置防止雨、雪和蛇、鼠等小动物从采光窗、通风窗、门、电缆沟等处进入室内的设施。

（4）配电室的内墙表面应抹灰刷白，地面宜采用耐压、耐磨、防滑、易清洁的材料铺装，配电室的顶棚应刷白。

（5）配电室位于室外地坪以下的电缆夹层、电缆沟和电缆室应采取防水、排水措施；位于室外地坪下的电缆进、出口和电缆保护管也应采取防水措施。

（6）配电设备的布置应遵循安全、可靠、适用和经济等原则，并应便于安装、操作、搬运、检修、试验和检测。

（7）配电室内除本室需用的管道外，不应有其他的管道通过，并应做等电位联结。

（8）成列的配电柜和控制柜上方不应设置灯具。

（9）可燃油油浸电力变压器室的耐火等级应为一级。非燃（或难燃）介质的电力变压器室，电压为35kV、10kV配电装置室和电压为10kV电容器室的耐火等级不应低于二级。电压为0.4kV配电装置和电压为0.4kV电容器室的耐火等级不应低于三级。

（10）高压柜、低压柜前留有巡检操作通道，应大于1.8m。柜后及两端应留有检修通道，应大于1m。低压配电室的面积取决于低压开关柜数量。

（11）配电柜正面的操作通道宽度，单列布置或双列背对背布置不小于1.5m，双列面对面布置不小于2m。

（12）配电柜后面的维护通道宽度，单列布置或双列面对面布置不小于0.8m，双列背对背布置不小于1.5m，个别地点有建筑物结构凸出的地方，则此点通道宽度可减少0.2m。

（13）配电柜侧面的维护通道宽度不小于1m；配电室的顶棚与地面的距离不低于3m；配电室内的裸母线与地面垂直距离小于2.5m时，采用遮栏隔离，遮栏下面通道的高度不小于1.9m。

（14）配电柜应装设电度表，并应装设电流、电压表。电流表与计费电度表不得共用一组电流互感器。

（15）基础型钢安装允许偏差：垂直度每米≤1mm；水平度每米≤1mm，全长≤5mm；不平行度全长≤5mm。

（16）基础槽钢要有明显可靠的接地。槽钢的接地不等于柜体的接地，还应从PE排上引线压在柜体的专用接地点上。

（17）配电柜导线按相序或用途分色一致，接线牢固。可动部位的电线、线束有外套塑料管等加强绝缘保护层，可转动部位的两端用卡子固定。

（18）配电柜柜内设N排、PE排，标识清晰，导线入排顺直、美观。

（19）配电箱柜台箱盘安装垂直度允许偏差为1.5‰，相互间接缝不应大于2mm，成列盘面偏差不应大于5mm。

（20）线路绝缘测试，馈电线路必须大于0.5MΩ，二次回路必须大于1MΩ。

（21）配电柜柜间二次回路耐压试验，根据规范选择相应兆欧表摇测1min，应无闪络击穿现象。

5.1.2　规范要求

1. 地下室配电室施工的主要规范标准

（1）《防火卷帘、防火门、防火窗施工及验收规范》GB 50877—2014。

（2）《建筑装饰装修工程质量验收标准》GB 50210—2018。

（3）《建筑地面工程施工质量验收规范》GB 50209—2010。

（4）《地下工程防水技术规范》GB 50108—2008。

（5）《地下防水工程质量验收规范》GB 50208—2011。

（6）《供配电系统设计规范》GB 50052—2009。

（7）《低压配电设计规范》GB 50054—2011。

（8）《20kV及以下变电所设计规范》GB 50053—2013。

（9）《电力工程电缆设计标准》GB 50217—2018。

（10）《民用建筑电气设计标准》GB 51348—2019。

（11）《建筑设计防火规范（2018年版）》GB 50016—2014。

（12）《建筑照明设计标准》GB 50034—2013。

（13）《建筑物防雷设计规范》GB 50057—2010。

（14）《建筑物电子信息系统防雷技术规范》GB 50343—2012。

（15）《建筑电气工程施工质量验收规范》GB 50303—2015。

（16）《建筑工程施工质量验收统一标准》GB 50300—2013。

2. 主要规范强制性条文、规定

（1）《防火卷帘、防火门、防火窗施工及验收规范》GB 50877—2014。

4.1.1 防火卷帘，防火门，防火窗主、配件进场应进行检验。检验应由施工单位负责，并应由监理单位监督。需要抽样复验时，应由监理工程师抽样，并应送市场准入制度规定的法定检验机构进行复检检验，不合格者不应安装。

4.3.3 防火门的门框、门扇及各配件表面应平整、光洁，并应无明显凹痕或机械损伤。

5.3.1 除特殊情况外，防火门应向疏散方向开启，防火门在关闭后应从任何一侧手动开启。

5.3.2 常闭防火门应安装闭门器等，双扇和多扇防火门应安装顺序器。

5.3.3 常开防火门，应安装火灾时能自动关闭门扇的控制、信号反馈装置和现场手动控制装置，且应符合产品说明书要求。

5.3.5 防火插销应安装在双扇门或多扇门相对固定一侧的门扇上。

5.3.6 防火门门框与门扇、门扇与门扇的缝隙处嵌装的防火密封件应牢固、完好。

5.3.8 钢质防火门门框内应充填水泥砂浆。门框与墙体应用预埋钢件或膨胀螺栓等连接牢固，其固定点间距不宜大于600mm。

5.3.9 防火门门扇与门框的搭接尺寸不应小于12mm。

5.3.10 防火门门扇与门框的配合活动间隙应符合下列规定：

1 门扇与门框有合页一侧的配合活动间隙不应大于设计图纸规定的尺寸公差。

2 门扇与门框有锁一侧的配合活动间隙不应大于设计图纸规定的尺寸公差。

3 门扇与上框的配合活动间隙不应大于3mm。

4 双扇、多扇门的门扇之间缝隙不应大于3mm。

5 门扇与下框或地面的活动间隙不应大于9mm。

6 门扇与门框贴合面间隙、门扇与门框有合页一侧、有锁一侧及上框的贴合面间隙，均不应大于3mm。

（2）《建筑装饰装修工程质量验收标准》GB 50210—2018。

4.1.8 室内墙面、柱面和门洞口的阳角做法应符合设计要求。设计无要求时，应采用不低于M20水泥砂浆做护角，其高度不应低于2m，每侧宽度不应小于50mm。

4.2.10 一般抹灰工程质量的允许偏差和检验方法应符合表4.2.10的规定。

一般抹灰的允许偏差和检验方法　　　　　　　　　表4.2.10

项次	项目	允许偏差（mm）		检验方法
		普通抹灰	高级抹灰	
1	立面垂直度	4	3	用2m垂直检测尺检查
2	表面平整度	4	3	用2m靠尺和塞尺检查

续表

项次	项目	允许偏差(mm)		检验方法
		普通抹灰	高级抹灰	
3	阴阳角方正	4	3	用200mm直角检测尺检查
4	分隔条(缝)直线度	4	3	拉5m线,不足5m拉通线,用钢直尺检查
5	墙裙、勒脚上口直线度	4	3	拉5m线,不足5m拉通线,用钢直尺检查

注：1. 普通抹灰，本表第3项阴角方正可不检查；

2. 顶棚抹灰，本表第2项表面平整度可不检查，但应平顺。

12.2.3　水性涂料涂饰工程应涂饰均匀、粘结牢固，不得漏涂、透底、开裂、起皮和掉粉。

12.2.9　墙面水性涂料涂饰工程的允许偏差和检验方法应符合表12.2.9的规定。

墙面水性涂料涂饰工程的允许偏差和检验方法　　　　表12.2.9

项次	项目	允许偏差(mm)					检验方法
		薄涂料		厚涂料		复层涂料	
		普通涂饰	高级涂饰	普通涂饰	高级涂饰		
1	立面垂直度	3	2	4	3	5	用2m垂直检测尺检查
2	表面平整度	3	2	4	3	5	用2m靠尺和塞尺检查
3	阴阳角方正	3	2	4	3	4	用200mm直角检测尺检查
4	装饰线、分色线直线度	2	1	2	1	3	拉5m线,不足5m拉通线,用钢直尺检查
5	墙裙、勒脚上口直线度	2	1	2	1	3	拉5m线,不足5m拉通线,用钢直尺检查

（3）《建筑地面工程施工质量验收规范》GB 50209—2010。

4.9.1　找平层宜采用水泥砂浆或水泥混凝土铺设。当找平层厚度小于30mm时，宜用水泥砂浆做找平层；当找平层厚度不小于30mm时，宜用细石混凝土做找平层。

4.9.3　有防水要求的建筑地面工程，铺设前必须对立管、套管和地漏与楼板节点之间进行密封处理，并应进行隐蔽验收；排水坡度应符合设计要求。

5.2.7　面层表面应洁净，不应有裂纹、脱皮、麻面、起砂等缺陷。

5.2.9　踢脚线与柱、墙面应紧密结合，踢脚线高度和出柱、墙厚度应符合设计要求且均匀一致。当出现空鼓时，局部空鼓长度不应大于300mm，且每自然间或标准间不应多于2处。

5.3.8　面层表面应洁净，不应有裂纹、脱皮、麻面、起砂等现象。

5.8.9　自流平面层的各构造层之间应粘结牢固，层与层之间不应出现分离、空鼓现象。

5.8.10　自流平面层的表面不应有开裂，漏涂和倒泛水、积水等现象。

（4）《地下防水工程质量验收规范》GB 50208—2011。

5.4.3　固定式穿墙管应加焊止水环或环绕遇水膨胀止水圈，并做好防腐处理；穿墙管应在主体结构迎水面预留凹槽，槽内应用密封材料嵌填密实。

5.4.4 套管式穿墙管的套管与止水环及翼环应连续满焊，并做好防腐处理；套管内表面应清理干净，穿墙管与套管之间应用密封材料和橡胶密封圈进行密封处理，并采用法兰盘及螺栓进行固定。

（5）《低压配电设计规范》GB 50054—2011。

3.1.4 在TN-C系统中不应将保护接地中性导体隔离，严禁将保护接地中性导体接入开关电器。

4.2.1 落地式配电箱的底部宜抬高，高出地面的高度室内不应低于50mm，室外不应低于200mm；其底座周围应采取封闭措施，并应能防止鼠、蛇类等小动物进入箱内。

4.2.2 同一配电室内相邻的两段母线，当任一段母线有一级负荷时，相邻的两段母线之间应采取防火措施。

4.2.3 高压及低压配电设备设在同一室内，且两者有一侧柜顶有裸露的母线时，两者之间的净距不应小于2m。

4.2.4 成排布置的配电屏，其长度超过6m时，屏后的通道应设2个出口，并宜布置在通道的两端，当两出口之间的距离超过15m时，其间尚应增加出口。

4.2.5 当防护等级不低于现行国家标准《外壳防护等级（IP代码）》GB/T 4208规定的IP2X级时，成排布置的配电屏通道最小宽度应符合规定。

4.2.6 配电室通道上方裸带电体距地面的高度不应低于2.5m；遮栏或外护物底部距地面的高度不应低于2.2m。

（6）《建筑电气工程施工质量验收规范》GB 50303—2015。

3.1.5 高压的电气设备、布线系统以及继电保护系统必须交接试验合格。

3.1.7 电气设备的外露可导电部分应单独与保护导体相连接，不得串联连接，连接导体的材质、截面积应符合设计要求。

3.3.1 变压器、箱式变电所的安装应符合下列规定：

1) 变压器、箱式变电所安装前，室内顶棚、墙体的装饰面应完成施工，无渗漏水，地面的找平层应完成施工，基础应验收合格，埋入基础的导管和变压器进线、出线预留孔及相关预埋件等经检查应合格；

2) 变压器、箱式变电所通电前，变压器及系统接地的交接试验应合格。

3.3.2 成套配电柜、控制柜（台、箱）和配电箱（盘）的安装应符合下列规定：

1 成套配电柜（台）、控制柜安装前，室内顶棚、墙体的装饰工程应完成施工，无渗漏水，室内地面的找平层应完成施工，基础型钢和柜、台、箱下的电缆沟等经检查应合格，落地式柜、台、箱的基础及埋入基础的导管应验收合格；

2 墙上明装的配电箱（盘）安装前，室内顶棚、墙体、装饰面应完成施工，暗装的控制（配电）箱的预留孔和动力、照明配线的线盒及导管等经检查应合格；

3 电源线连接前，应确认电涌保护器（SPD）型号、性能参数符合设计要求，接地线与PE排连接可靠；

　4　试运行前，柜、台、箱、盘内 PE 排应完成连接，柜、台、箱、盘内的元件规格、型号应符合设计要求，接线应正确且交接试验合格。

　3.3.5　UPS 或 EPS 接至馈电线路前，应按产品技术要求进行试验调整，并应经检查确认。

　3.3.7　母线槽安装应符合下列规定：

　1　变压器和高低压成套配电柜上的母线槽安装前，变压器、高低压成套配电柜、穿墙套管等应安装就位，并应经检查合格；

　2　母线槽支架的设置应在结构封顶、室内底层地面完成施工或确定地面标高、清理场地、复核层间距离后进行；

　3　母线槽安装前，与母线槽安装位置有关的管道、空调及建筑装修工程应完成施工；

　4　母线槽组对前，每段母线的绝缘电阻应经测试合格，且绝缘电阻值不应小于 20MΩ；

　5　通电前，母线槽的金属外壳应与外部保护导体完成连接，且母线绝缘电阻测试和交流工频耐压试验应合格。

　4.1.6　箱式变电所的交接试验应符合下列规定：

　1　由高压成套开关柜、低压成套开关柜和变压器三个独立单元组合成的箱式变电所高压电气设备部分，应按本规范第 3.1.5 条的规定完成交接试验且合格；

　2　对于高压开关、熔断器等与变压器组合在同一个密闭油箱内的箱式变电所，交接试验应按产品提供的技术文件要求执行；

　3　低压成套配电柜和馈电线路的每路配电开关及保护装置的相间和相对地间的绝缘电阻值不应小于 0.5MΩ；当国家现行产品标准未作规定时，电气装置的交流工频耐压试验电压应为 1000V，试验持续时间应为 1min，当绝缘电阻值大于 10MΩ 时，宜采用 2500V 兆欧表摇测。

　5.1.1　柜、台、箱的金属框架及基础型钢应与保护导体可靠连接；对于装有电器的可开启门，门和金属框架的接地端子间应选用截面积不小于 4mm^2 的黄绿色绝缘铜芯软导线连接，并应有标识。

　5.1.2　柜、台、箱、盘等配电装置应有可靠的防电击保护；装置内保护接地导体（PE）排应有裸露的连接外部保护接地导体的端子，并应可靠连接。当设计未做要求时，连接导体最小截面积应符合现行国家标准《低压配电设计规范》GB 50054 的规定。

　5.1.6　对于低压成套配电柜、箱及控制柜（台、箱）间线路的线间和线对地间绝缘电阻值，馈电线路不应小于 0.5MΩ，二次回路不应小于 1MΩ；二次回路的耐压试验电压应为 1000V，当回路绝缘电阻值大于 10MΩ 时，应采用 2500V 兆欧表代替，试验持续时间应为 1min 或符合产品技术文件要求。

　5.2.1　基础型钢安装允许偏差应符合表 5.2.1 的规定。

　5.2.3　柜、台、箱相互间或与基础型钢间应用镀锌螺栓连接，且防松零件应齐全；当设计有防火要求时，柜、台、箱的进出口应做防火封堵，并应封堵严密。

基础型钢安装允许偏差		表 5.2.1
项目	允许偏差(mm)	
	每米	全长
不直度	1.0	5.0
水平度	1.0	5.0
不平行度	—	5.0

5.2.5　柜、台、箱、盘应安装牢固，且不应设置在水管的正下方。柜、台、箱、盘安装垂直度允许偏差不应大于 1.5‰，相互间接缝不应大于 2mm，成列盘面偏差不应大于 5mm。

5.1.3　管理规定

（1）施工前应完成相关深化设计、施工方案、质量策划及技术质量交底等相关准备工作，在方案制定过程中应充分利用 BIM 技术手段。

（2）方案应明确统一质量标准、管理体系及相关责任人的岗位职责、工序顺序、细部节点做法、各专业之间的组织协调。

（3）施工方案、质量策划应明确其施工重点、难点及相关技术及管理措施。

（4）施工所用的材料、设备应有产品合格证书和性能检测报告，其品种、规格、性能等应符合国家现行产品标准和设计要求，材料、半成品及部品部件须严格进行进场检验、试验及验收。

（5）技术质量交底应确保交底至班组及操作工人，明确工艺措施、质量标准及相关要求。

（6）实施样板引路制度，各工序及细部在施工前须先行施工样板，样板得到确认后才能进入正式施工。

（7）施工严格按样板及方案施工，过程中相关责任人应加强质量控制与检查，确保过程质量处于完全受控状态。

（8）施工应强化过程控制、中间检查及阶段验收。工序隐蔽前确保检查完成且符合要求后方可进入下一道工序施工。重点做好各工序、工种之间的交接检查。

（9）相关检测试验及工程技术资料的收集整理应保持与工程进度同步。

（10）高低压配电室施工过程中，安排安全员在施工现场旁站，确保安全施工。

5.1.4　深化设计

（1）创建精品工程应以结构安全可靠、经济、适用、美观、节能、环保及绿色施工为原则，遵循 PDCA 的科学管理方法，应进行工程创优总体策划，做到策划先行，样板引路，过程控制，持续改进。

（2）在方案制定过程中应充分利用 BIM 技术手段。应对整体布局、关键节点做到深化设计，通过 BIM 进行提前策划。

（3）配电室中机电预留预埋等部位应进行设计优化。

（4）深化设计的原则：精确备料、精准定位、一次成优。

（5）精准备料：施工前即对某一分项施工所需要的各类材料，包括原材料、半成品、周转材料、辅助材料按特定单位进行计算统计，实现精细化管理。

（6）精准定位：避免因图纸误差造成各个环节的返工，确保一次成优。

5.2 配电室防火门安装

5.2.1 质量要求

防火门应安装牢固，门框垂直，防火门启闭灵活，双扇门自行关闭顺序正确，信号反馈功能良好；防烟、防火阻燃密封条粘贴牢固平整，转角处对接严密；合页安装方向正确，门框、门扇、五金干净无污染，漆面均匀完整，门框与涂料墙面间交接清晰无污染。

5.2.2 工艺流程

预留洞口→防火门加工→门框安装→框边塞缝及填充→门扇安装→启闭器安装→五金安装。

5.2.3 做法要点

（1）门洞预留一定要和设计型号对应，严格按照图纸预留洞口尺寸进行预留，不宜过大，洞口尺寸偏大时，应采用混凝土或砂浆进行处理，不应采用发泡弹性材料填塞。

（2）防火门开启方向正确，门框埋入地面 20mm，框口上下尺寸相同，误差小于 1.5mm，对角线误差小于 2mm。

（3）防火门根据图纸设计及开启方向有居中或靠边安装，为避免防火门与墙面间出现裂缝，建议居中或每边留一定尺寸进行安装。高度小于 2.1m 时，一般采用三个固定螺栓，大于 2.1m 时，固定螺栓不少于 4 个。固定点间距不大于 1.2m，门框固定件距门角为 150～200mm，中间间距不大于 600mm。

（4）门框应安装在混凝土墙、预埋块、构造柱等可靠基层上。采用 C20 混凝土灌实，与洞口两侧留缝均匀且不大于 10mm，采用防火材料填塞密封。

（5）门扇固定牢固，厚度不小于 3mm，安装螺钉面平整，门扇距地缝隙不大于 5mm。

（6）双扇或多扇防火门应按照顺序启闭，启闭器与预留线盒之间的线路敷设应采用金属或塑料线槽压平顺，不漏明线。常开防火门自行关闭和信号反馈灵敏可靠，常闭防火门应具有"保持防火门关闭"等提示标识。

（7）合页、把手、锁扣、启闭器、顺序器、插销等五金设施固定牢固无污染，防火玻璃内无溢胶现象，交付使用前门框、门扇及五金保护措施到位。防火门插销应安装在相对固定的门扇上。非必要情况与墙面交接处不宜打胶。

图 5.2-1 防火门安装实例图

5.2.4 实例或示意图

如图 5.2-1、图 5.2-2 所示。

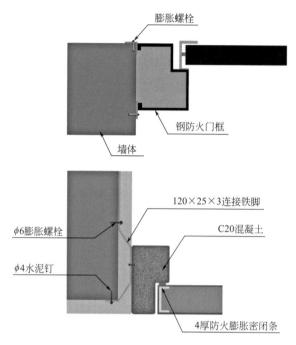

图 5.2-2　防火门安装示意图

5.3　配电室电缆沟

5.3.1　质量要求

尺寸准确，粉刷平整，角钢预埋平顺，地沟盖板平整严密，无起翘变形。

5.3.2　工艺流程

电缆沟砌（浇）筑→角钢预埋→粉刷→地沟盖板。

5.3.3　做法要点

（1）采用混凝土电缆沟时，模板支设要牢固，混凝土无变形；电缆沟砌筑应采用实心砖，砌筑灰缝饱满，表面平整。

（2）角钢提前焊接固定钢筋，浇筑混凝土和砌筑墙体时预埋一次成型。

（3）地沟粉刷时应采用防水砂浆收抹平整。

（4）花纹盖板厚度不小于 6mm，背面应进行加固，防止变形；预制混凝土盖板要方正平整，塑料盖板要具有防变形能力。铺设后与地面平齐。

5.3.4　实例或示意图

如图 5.3-1～图 5.3-4 所示。

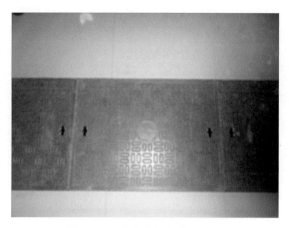

图 5.3-1　花纹盖板安装示意图

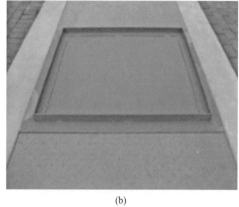

(a)　　　　　　　　　　　　　　　(b)

图 5.3-2　混凝土盖板实例图

图 5.3-3　电缆沟盖板示意图

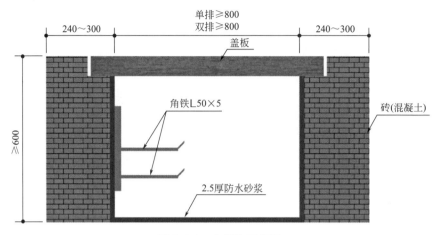

图 5.3-4　电缆沟示意图

5.4　穿墙管防水

5.4.1　质量要求

（1）穿墙管用遇水膨胀止水条和密封材料应符合设计要求；穿墙管防水构造应符合设计要求；止水密封材料应符合《地下防水工程质量验收规范》GB 50208—2011 附录 A 中 A.3.1～A.3.6 的规定。

（2）固定式穿墙管应加焊止水环或环绕遇水膨胀止水圈，并进行防腐处理；穿墙管应在主体结构迎水面预留凹槽，槽内应用密封材料嵌填密实。

（3）套管式穿墙管的套管与止水环及翼环应连续满焊，并进行防腐处理；套管内表面应清理干净，穿墙管与套管之间应用密封材料和橡胶密封圈进行密封处理，并采用法兰盘及螺栓进行固定。

（4）当主体结构迎水面有柔性防水层时，防水层与穿墙管连接处应增设加强层。

（5）密封材料嵌填应密实、连续、饱满，粘结牢固。

（6）穿墙管、止水环、翼盘、翼环、短管等所用的金属板和焊条的规格、材质必须按设计要求选择。钢材的性能应符合现行国家标准《碳素结构钢》GB/T 700 和《低合金高强度结构钢》GB/T 1591 的规定。焊接材料应符合国家现行标准的规定。

5.4.2　工艺流程

（1）固定式穿墙管：穿墙管止水环焊接（或粘贴遇水膨胀止水胶）→穿墙管预埋→混凝土浇筑→迎水面防水加强层施工。

（2）套管式穿墙管：套管翼环、翼盘及止水环焊接→穿墙套管预埋→结构混凝土浇筑→放置穿墙主管→填充密封材料→法兰盘与短管焊接、双头螺栓固定于翼盘上→放置法兰→拧紧螺母固定法兰。

（3）多连体密闭套管：确定每件钢板的尺寸→制作固定钢板槽钢模具→钢板、钢管开料加工→套管和翼环初定位→套管焊接→套管内壁及钢板整体镀锌→安装套管、校正

→浇筑混凝土。

5.4.3 做法要点

（1）防水套管的刚性或柔性做法由设计选定，套管上加焊止水环。止水环宜为方形并与套管满焊，焊接应按设计和技术规范的要求施焊，止水环数量按设计规定。套管部分加工完成后在其内壁刷防锈漆一道。

（2）套管固定分为单管固定和多管固定，固定应符合下列规定：

① 在单根管道穿过防水混凝土结构处预埋套管，按图将位置尺寸找准，予以临时固定，套管应与周围钢筋临时固定。

② 在多管穿墙处预留孔洞，洞口四周预埋角钢固定在混凝土中。

（3）结构上的埋设件宜采用预埋或预留孔（槽）等方法。埋设件端部或开槽、开孔、预留孔的部位，混凝土厚度不应小于200mm。当厚度小于200mm时，应采取局部加厚或其他防水措施。

（4）同一部位多管穿墙时，宜采用穿墙盒。穿墙盒的封口钢板应与墙上的预埋角钢焊严，并应从钢板上的预留浇注孔注入柔性密封材料或无收缩水泥基灌浆料。

（5）同一部位多管穿墙时，也可采用多连体密闭套管的方法，即用钢板作为多套管的整体翼环，将钢管与止水翼环固定后焊接。焊接完成后，先除去焊渣，把止水翼环钢板和钢管处理干净，最后把套管内壁及钢板处理干净，进行整体镀锌。安装套管时，整体翼环需安装在墙体中心位置。

（6）墙侧模板应固定牢固，封堵严密，防止漏浆和跑模。同时对预埋管道口、洞口用轻质柔性材料进行填塞。

（7）预埋管、预留洞下部混凝土浇筑应分层下料、振捣密实。

（8）确保预埋穿墙管、电线管、电线盒、预埋铁件及止水片（带）的位置正确，固定牢靠。防止振捣混凝土时碰动，造成位移、挤偏和表面铁件陷进混凝土内，并应采取措施防止水泥浆进入套管内。

（9）穿管及填嵌防水材料应符合下列规定：

① 穿管处混凝土墙厚应不小于300mm。安装穿墙管道时，对于刚性防水套管，先将管道穿过预埋套管，然后一端以封口钢板将套管及穿墙管焊牢，再从另一端将套管与穿墙管之间的缝隙用防水材料（防水油膏、沥青玛瑞脂等）填满后，用封口钢板封堵严密。如图5.4-1所示。

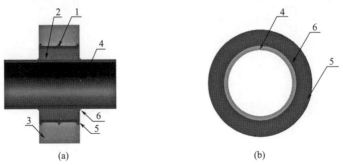

图5.4-1 套管加焊止水环做法示意图

1-止水管；2-密封油膏；3-防水结构；4-钢管；5-钢板；6-焊缝

② 在套管与穿墙管之间加挡圈，两边嵌填油麻和石棉水泥。如图 5.4-2～图 5.4-7 所示。

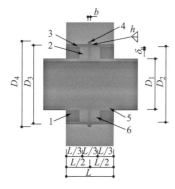

图 5.4-2　Ⅰ型刚性防水套管做法示意图

b-宽度；h-最小焊缝厚度；δ-厚度；

D-防水套管直径；L-墙厚度；

1-石棉水泥；2-油麻；3-钢套管；

4-翼环；5-铸铁管；6-挡圈

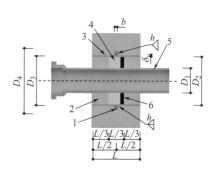

图 5.4-3　Ⅱ型刚性防水套管做法示意图

b-宽度；h-最小焊缝厚度；δ-厚度；

D-防水套管直径；L-墙厚度；

1-翼环；2-石棉水泥；3-钢套管；

4-油麻；5-铸铁管；6-挡圈

图 5.4-4　多连体密闭套管制作示意图

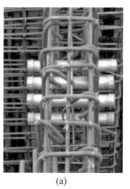

(a)　　　　　　　　　　(b)

图 5.4-5　多连体密闭套管安装示意图

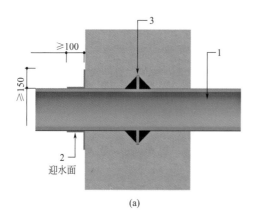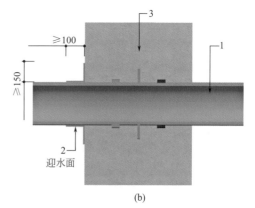

(a)　　　　　　　　　　(b)

图 5.4-6　固定式穿墙管防水构造示意图

（a）穿墙短管止水翼环；（b）穿墙短管遇水膨胀止水胶

1-主管；2-防水加强层；3-止水翼环

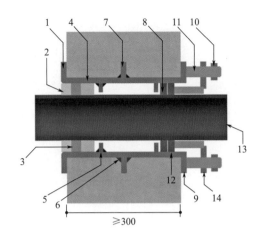

图 5.4-7　套管穿墙管防水构造示意图
1-翼环；2-密封材料；3-背衬材料；4-充填材料；
5-挡圈；6-套管；7-止水环；8-橡胶盘；9-翼盘；
10-螺母；11-双头螺栓；12-短管；13-主管；14-法兰盘

5.5　配电室涂饰墙面

5.5.1　质量要求

（1）抹灰前基层表面的尘土、污垢、油渍等应清除干净，并应洒水润湿。

（2）一般抹灰材料的品种和性能应符合设计要求，水泥凝结时间和安定性应合格，砂浆的配合比应符合设计要求。

（3）严格控制各层抹灰厚度，抹灰层与基层之间以及各抹灰层之间必须粘结牢固，抹灰层无脱层、空鼓，面层应无爆灰和裂缝。

（4）抹灰表面光滑、洁净，接槎平整，护角、孔洞、槽、盒周围的抹灰应整齐、光滑，管道后面抹灰表面平整。

（5）所用涂料的品种、型号和性能应符合设计要求及国家现行标准的有关规定。

（6）涂料的颜色、光泽应符合设计要求。

（7）涂料应涂刷均匀、粘结牢固，不得漏涂、透底、起皮和掉粉。

5.5.2　工艺流程

（1）抹灰施工工艺流程

基层清理→浇水湿润→吊垂直、套方、找规矩、抹灰饼→抹水泥踢脚线→做护角→墙面充筋→抹底灰→修补预留孔洞、电箱槽、电箱盒等→抹罩面灰。

（2）涂料施工工艺流程

基层处理→修补腻子→磨砂纸→第一遍满刮腻子→磨砂纸→第二遍满刮腻子→磨砂纸→刷第一道涂料→补腻子磨砂纸→刷第二道涂料→磨砂纸→刷第三道涂料。

5.5.3 做法要点

1）抹灰做法要点

（1）基层清理

① 砖砌体：应清除表面杂物，如残留灰浆、舌头灰、尘土等。

② 混凝土基体：表面凿毛或在表面洒水润湿（加适量胶粘剂或界面剂）。

③ 加气混凝土基体：应在润湿后，边涂刷界面剂，边抹强度不大于 M5 的水泥混合砂浆。

（2）一般在抹灰前一天，用软管或胶皮管或喷壶顺墙自上而下浇水润湿，将基体充分浇水均匀润透。

（3）根据基层表面平整垂直情况，吊垂直、套方、找规矩，确定抹灰厚度，操作时应先抹上灰饼，再抹下灰饼，然后根据灰饼充筋。

（4）墙面抹灰距地面应预留踢脚线高度位置暂不施工。

（5）墙、柱间的阳角应在墙、柱面抹灰前用 1∶2 水泥砂浆做护角，其高度自地面以上 2m，按护角宽度不小于 5cm，其做法详见图 5.5-1。

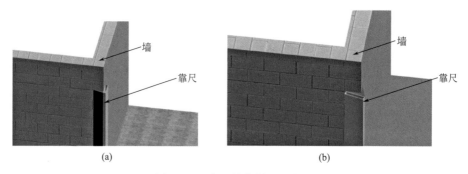

图 5.5-1　水泥护角做法示意图

2）涂料做法要点

（1）基层处理：将墙面上的灰渣等杂物清理干净。

（2）修补腻子：用石膏腻子将墙面、门窗口角等磕碰破损处、麻面、风裂、接槎缝隙等分别找平补好，干燥后用砂纸将凸出处磨平。

（3）第一遍满刮腻子：满刮腻子干燥后，用砂纸将腻子残渣、斑迹等磨平、磨光，然后将墙面清扫干净，腻子配合比为聚醋酸乙烯乳液（即白乳胶）∶滑石粉或大白粉∶2%羧甲基纤维素溶液＝1∶5∶35（重量比）。

（4）第二遍腻子：腻子配合比和操作方法同第一遍腻子，用 1 号砂纸打磨平整，清扫干净。

（5）涂刷第一遍涂料：涂饰每面墙面的顺序应自上而下，从左到右，不得乱涂刷，以防漏涂或涂刷过厚或涂刷不均匀等。第一遍涂料干燥后个别缺陷或漏刮腻子处要复补，待腻子干透后打磨砂纸，把小疙瘩、腻子渣等磨平、磨光，并清扫干净。

（6）涂刷第二遍涂料：涂刷操作方法同第一遍涂料，待涂料干燥后，可用较细的砂纸把墙面打磨光滑，清扫干净，同时用潮布将墙面擦抹一遍。

（7）涂刷第三遍涂料：其涂刷顺序同上，涂刷时应多刷多理，确保涂膜饱满、厚薄均匀一致、不流不坠不起皮。

5.5.4 实例或示意图

如图 5.5-2、图 5.5-3 所示。

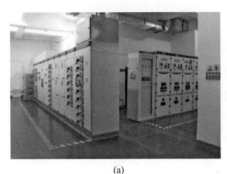 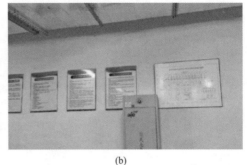

(a)　　　　　　　　　　　　　　　　　(b)

图 5.5-2　涂饰墙面实例图

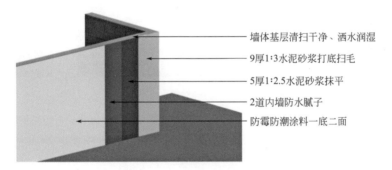

墙体基层清扫干净、洒水润湿
9厚1:3水泥砂浆打底扫毛
5厚1:2.5水泥砂浆抹平
2道内墙防水腻子
防霉防潮涂料一底二面

图 5.5-3　涂饰墙面示意图

5.6　配电室块材地面

5.6.1　质量要求

铺贴平整无空鼓、排板合理、拼缝严密无打磨；石材表面洁净、色泽一致、接缝均匀、镶嵌正确；板块无裂纹、掉角、缺棱等缺陷，表面平整度允许偏差不大于 1mm，相邻两块高低差不大于 0.5mm。

5.6.2　工艺流程

基层清理→排板放线→石材面层铺贴→擦缝→养护清理。

5.6.3　做法要点

（1）根据现场实际尺寸弹线、排板、选板，拉控制通线，排板应符合设计要求，当设计无要求时，应避免出现小于 1/2 的板块。

（2）清除浮砂及灰尘，基层要求干燥平整洁净，粘贴前基层洒水润湿。

（3）地面石材应用护理剂进行石材六面体防护处理，防护剂涂刷 48h 后方可使用。

（4）结合层宜采用 1∶3 干硬性水泥砂浆，素水泥浆倒在干砂浆表面铺平，镶贴时用橡皮锤轻轻敲击，使与基层粘接牢固。

（5）24h 后用 1∶1 水泥浆灌缝，按设计要求选择颜料与白水泥拌合均匀嵌缝。

（6）在面层铺设后，清洁表面，养护不少于 7d。

5.6.4 实例或示意图

如图 5.6-1、图 5.6-2 所示。

图 5.6-1 块材平地面实例图

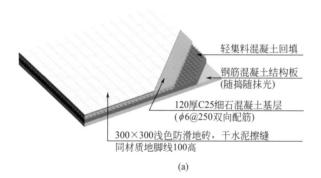
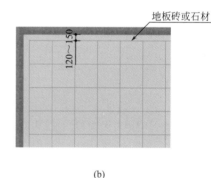

(a)　　　　　　　　　　　　　　　　　　(b)

图 5.6-2 块材平地面示意图

5.7 配电室水泥砂浆地面

5.7.1 质量要求

（1）水泥砂浆面层强度等级符合设计要求，且体积比应为 1∶2；强度等级不应小于 M15。

（2）水泥砂浆地面面层施工后，养护时间不得少于 7d；抗压强度应达到 5MPa 后方准上人行走；抗压强度达到设计要求后方可正常使用。

（3）面层的抹平工作应在水泥初凝前完成，压光工作应在水泥终凝前完成。

（4）面层与下一层应结合牢固，无空鼓、裂纹。

5.7.2　工艺流程

基底处理→找标高→贴饼冲筋→搅拌→铺设砂浆面层→搓平→压光→养护→检查验收。

5.7.3　做法要点

（1）把沾在基层上的浮浆、落地灰等清理干净，在抹灰的前一天洒水润湿后，刷素水泥浆或界面处理剂，随刷随铺设砂浆，避免间隔时间过长风干形成空鼓。

（2）根据水平标准线和设计厚度，在四周墙、柱上弹出面层的上平标高控制线。

（3）铺设前应将基底润湿，并在基底上刷一道素水泥浆或界面结合剂，将搅拌均匀的砂浆，从房间内退着往外铺设。

（4）压光：

① 第一遍抹压：在搓平后立即用铁抹子轻轻抹压一遍，直到出浆为止，面层要均匀，与基层结合紧密牢固。

② 第二遍抹压：当面层砂浆初凝后，用铁抹子把凹坑、砂眼填实抹平，注意不得漏压，以消除表面气泡、孔隙等缺陷。

③ 第三遍抹压：当面层砂浆终凝前，用铁抹子用力抹压。把所有抹纹压平、压光，达到面层表面密实光洁。

（5）养护：应在施工完成后约 24h 覆盖和洒水养护，每天不少于 2 次，严禁上人，养护期不得少于 7d。

5.7.4　实例或示意图

如图 5.7-1 所示。

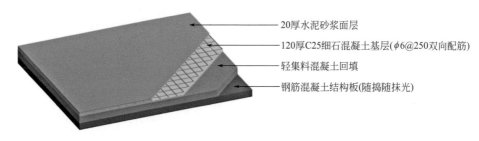

20厚水泥砂浆面层
120厚C25细石混凝土基层(ϕ6@250双向配筋)
轻集料混凝土回填
钢筋混凝土结构板(随捣随抹光)

图 5.7-1　水泥砂浆平地面示意图

5.8　干式变压器安装

5.8.1　质量要求

变压器柜体型钢基础尺寸准确，坚固稳定，变压器本体及外壳接地良好，连接牢固；母线搭接面应光滑平整，相序标识清晰正确，连接母线螺栓长度一致，母线固定金具及支柱绝缘子应紧固，所有紧固件及连接件无松动；变压器箱体与盘柜前面平齐，与配电柜柜体靠紧，不应有缝隙；变压器运行正常，保护装置投入正确可靠。

5.8.2 工艺流程

干式变压器安装前检查→型钢基础制作→干式变压器安装→接线→接地→变压器调试运行。

5.8.3 做法要点

（1）检查干式变压器安装附件及出厂技术资料齐全，铭牌及接线标识齐全清晰，外观完好。

（2）参照干式变压器的尺寸，制作[10槽钢基础，按设计位置安装，在型钢基础的下面四角适当位置钻孔，在地面相应位置用膨胀螺栓固定基础型钢，调整水平度，误差不大于5mm。

（3）将干式变压器与型钢基础对正，用记号笔进行螺栓孔的定位，机械开孔后采用镀锌螺栓将变压器与槽钢基础固定牢固可靠。在调整过程中，安装垂直度允许偏差为1.5‰，相互间接缝不应大于2mm，成列盘面偏差不应大于5mm。

（4）变压器电压切换装置各分接点与线圈的接线压接正确，牢固可靠，其接触面接触紧密良好。电压切换时，转动触点停留位置正确，并与指定位置一致。连接母线的紧固螺栓选用镀锌件，使用力矩扳手按规范紧固螺栓，螺栓长度一致，宜露出2～3扣。

（5）变压器中性线接地、本体接地、外壳接地、槽钢基础接地，应分别敷设，牢固可靠，中性线宜用绝缘导线，保护地线宜用黄绿双色绝缘导线。型钢基础与接地扁钢连接不宜少于两端点，在基础型钢构架的两端，用不小于40mm×4mm的扁钢相焊接，扁钢搭接长度需保证两倍的扁钢宽度，三面施焊，焊缝应均匀牢固，焊接处做防腐处理后再刷两遍灰面漆。

（6）变压器应在空载时合闸投运。按规范要求进行5次空载全压冲击合闸，第一次受电后带电时间不少于10min，冲击合闸不应引起保护装置动作，变压器正常运行24h后正式验收投运。

5.8.4 实例或示意图

如图5.8-1～图5.8-6所示。

图 5.8-1　干式变压器安装实例

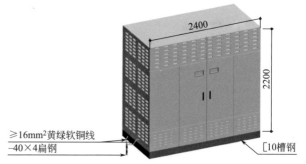

图 5.8-2　干式变压器安装透视图

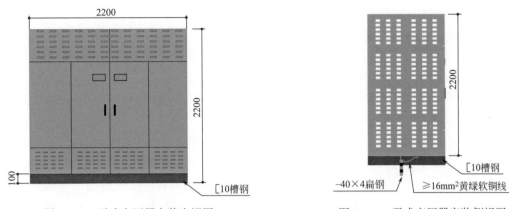

图 5.8-3　干式变压器安装主视图　　　　图 5.8-4　干式变压器安装侧视图

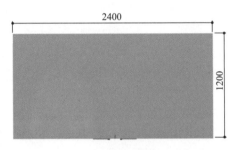

图 5.8-5　干式变压器安装俯视图

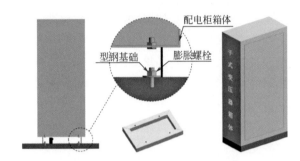

图 5.8-6　干式变压器安装示意图

5.9　配电柜、控制柜（屏、台）安装

5.9.1　质量要求

配电柜、控制屏安装后成排、成列，排列整齐，型钢基础尺寸准确，坚固稳定；柜体外观无损伤、变形，油漆无损坏；柜体内部电气元件、绝缘瓷件齐全，无缺损，电缆标识标牌清晰。柜、屏、台的接线端子有编号，且清晰、工整、不易脱色，闭锁装置动作准确、可靠；本体及外壳接地良好。

5.9.2　工艺流程

配电柜安装前检查→型钢基础制作→配电柜安装→接线→接地→配电柜调试运行。

5.9.3　做法要点

（1）检查配电柜安装附件及出厂技术资料齐全，铭牌及接线标识齐全清晰，外观完好。

（2）按施工图纸所标位置，制作〔10 槽钢基础，放在预埋铁件上，用水准仪或水平尺找平、找正。找平过程中，需用垫铁的部位每处不能多于三片。找平、找正后，用电焊将基础型钢架、预埋铁件及垫铁焊牢在一起。基础型钢安装后，其顶部宜高出抹平地面

10mm，基础型钢安装水平度误差不大于 5mm。

（3）配电柜地脚固定螺栓孔的位置和固定螺栓尺寸，要完全与配电柜底座一致，在基础上用记号笔画好固定孔位置后进行钻孔，再用镀锌螺栓将柜体与基础槽钢固定。在调整过程中，垂直度、柜间间隙、成列盘面等安装允许偏差应符合以下标准：盘柜安装垂直度允许偏差为 1.5‰，相互间接缝不应大于 2mm，成列盘面偏差不应大于 5mm。不允许强行靠拢，以免配电柜产生安装应力。

（4）柜内一次接线：主母线及柜内各电气接点在投入前均需将螺栓检查紧固一遍；紧固螺栓时应采用力矩扳手；电缆应采用绑扎带固定在柜体支架上，严禁用铁丝或导线将电缆头固定在柜体支架上；根据现场实际条件，配电柜电缆进线方式分为上进线和下进线。配电柜一次接线端子一般是自上而下垂直排布，并且在同一水平线上，下进线方式最上端的电缆先进线并且在最里端，从最里端向外排布。上进线方式正好相反。

（5）柜内二次接线：按配电柜配线图逐台检查柜内电气元件是否相符；端子排的接线方式为插孔时，每根控制线按顺序压接到端子排上，端子排处一孔压一根控制线，最多不能超过两根；端子排的接线方式为螺钉压接时，同一端子压接不超过两根导线，两根导线中间应加平垫，并用平垫加弹簧垫后用螺母紧固；当导线为多股软线时，与端子连接处必须进行搪锡处理。

（6）配电柜本体接地、外壳接地、槽钢基础接地，应分别敷设并牢固可靠。基础型钢安装完毕后，用 40mm×4mm 的扁钢将基础型钢的两端与接地网跨接，以保证设备可靠接地；在焊缝处做防腐处理。

（7）调整配电柜机械联锁，重点检查防止误操作功能，应符合产品安装使用技术说明书的规定；二次控制线调整，将所有的接线端子螺丝再紧一次；用兆欧表测试配电柜间线路的相间和相对地绝缘电阻值，馈电线路必须大于 0.5MΩ，二次回路必须大于 1MΩ。二次线回路如有晶体管、集成电路、电子元件时，该部位的检查不得使用兆欧表，应使用万用表测试回路接线是否正确；模拟试验：将柜（台）内的控制、操作电源回路熔断器上端相线拆掉，将临时电源线压在熔断器上端，接通临时电源和操作电源。按照图纸要求，分别模拟试验控制、联锁、继电保护和信号动作，应正确无误，灵敏可靠，音响指示正确。

5.9.4 实例或示意图

如图 5.9-1～图 5.9-7 所示。

图 5.9-1　配电柜安装实例

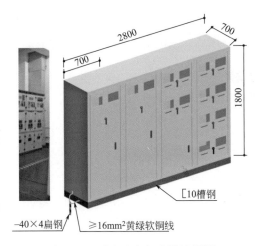

图 5.9-2 成套配电柜安装透视图

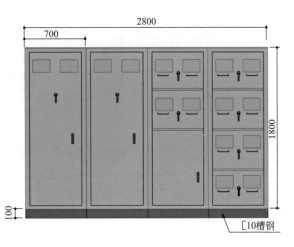

图 5.9-3 成套配电柜安装主视图

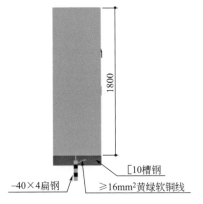

图 5.9-4 成套配电柜安装侧视图

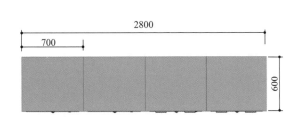

图 5.9-5 成套配电柜安装俯视图

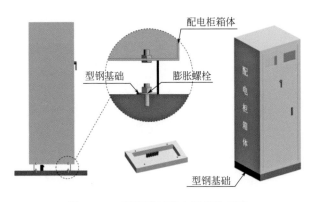

图 5.9-6 型钢基础配电柜安装示意

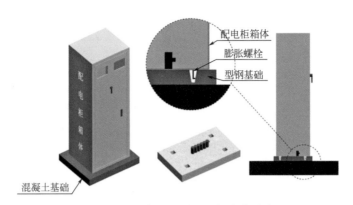

图 5.9-7　混凝土基础配电柜安装示意

5.10　不间断电源安装

5.10.1　质量要求

不间断电源内部接线连接正确，紧固件齐全，可靠不松动，焊接连接无虚焊咬渣现象。不间断电源输出端的中性线（N 极），必须与由接地装置直接引来的接地干线相连接，做重复接地。安放不间断电源的机架组装应横平竖直，水平度、垂直度允许偏差应符合要求，紧固件齐全。不间断电源装置的可接近裸露导体接地（PE）或接零（PEN）可靠，且有标识。不间断电源正常运行时产生的噪声应符合规定。

5.10.2　工艺流程

不间断电源安装前检查→母线、电缆安装→机架安装→不间断电源安装→接地→充放电调试。

5.10.3　做法要点

（1）检查不间断电源安装附件及出厂技术资料齐全，铭牌及接线标识齐全清晰，外观完好，不应有损伤现象。

（2）支架（吊架）以及绝缘子铁脚应做防腐处理，涂刷耐酸涂料；引出电缆宜采用塑料护套电缆，并应标明正、负极性，正极为赭色、负极为蓝色；所采用的套管和预留洞处，均应用耐酸、耐碱材料密封；母线安装时，应在连接处涂电力复合脂和做防腐处理。

（3）机架的型号、规格和材质应准确；高压蓄电池架，应用绝缘子或绝缘垫与地面绝缘；安放不间断电源的机架组装应平整，不得歪斜，水平度、垂直度允许偏差不应大于 1.5‰，紧固件齐全；机架安装应做好接地线的连接；机架有单层架和双层架，每层上安装又有单列、双列之分，在施工过程中可根据不间断电源的容量及外形尺寸进行调整；不间断电源采用铅酸蓄电池时，其角钢与电源接触部分衬垫 2mm 厚耐酸软橡皮，钢材必须刷防酸漆；埋在机架内的桩、柱定位后用沥青浇灌预留孔；不间断电源采用镉镍蓄电池和全密封铝酸电池时，机架不需做防酸处理。

（4）不间断电源安装应平稳，间距均匀，同一排列的不间断电源应高低一致、排列整齐；引入或引出备用和不间断电源装置的主回路电线、电缆和控制电线、电缆应分别穿保护管，敷设在电缆支架上，平行敷设并保持 150mm 的间距。

（5）电线、电缆的屏蔽护套接地连接可靠，与接地干线就近连接，紧固件齐全；不间断电源输出端的中性线（N 极），必须与由接地装置直接引来的接地干线相连接，做重复接地。不间断电源装置的可接近裸露导体接地（PE）或接零（PEN）可靠，且有标识。

（6）碱性蓄电池的充、放电按说明书要求进行；镉镍蓄电池充电时先用正常充电电流充 6h，1/2 正常充电电流继续充 6h，接着用 8h 放电率放电 4h，如此循环，充、放电要进行 3 次；对铁镍蓄电池按正常充电电流充 12h，再用 8h 放电率放电，当两级电压降至 1.1V 时，再用 12h（1/3 正常充电电流）充电一次。

5.10.4 实例或示意图

如图 5.10-1、图 5.10-2 所示。

图 5.10-1 不间断电源安装实例图

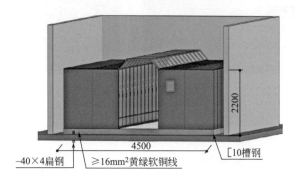

图 5.10-2 不间断电源安装透视图

5.11 配电室地沟电缆敷设

5.11.1 质量要求

支架固定牢靠，除锈、底漆、面漆符合有关规定，支架接地可靠，电缆应敷设顺直、绑扎牢靠。

5.11.2 工艺流程

支架制作、安装→接地敷设→电缆敷设→标识标牌。

5.11.3 做法要点

（1）支架制作宜采用45°对称切角弯折成90°满焊；除锈后刷两遍防锈漆然后刷两遍面漆；用膨胀螺栓固定于地沟侧壁，距地沟底的距离满足设计要求。

（2）接地敷设：支架接地母线宜采用不小于φ8或40mm×4mm扁钢，圆钢搭接长度应不小于圆钢直径的6倍，双面施焊；扁钢搭接长度应不小于扁钢宽度的2倍，三面施焊。接地母线应刷100mm黄绿相间油漆。

（3）电缆在支架上分层敷设，排列整齐、顺直、绑扎牢靠，不得有挠曲和拖地现象。

（4）在电缆首端、末端、拐弯等处设置标识标牌，绑扎牢固，标识标牌位置应便于分辨及检修。

5.11.4 实例或示意图

如图5.11-1～图5.11-6所示。

图5.11-1 支架及接地安装实例图

图5.11-2 电缆敷设实例图

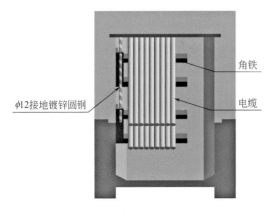

图5.11-3 支架及接地安装透视图

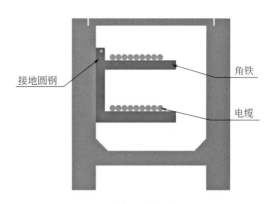

图5.11-4 支架及接地安装主视图

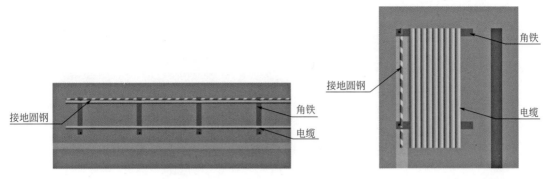

图 5.11-5　支架及接地安装侧视图　　　　图 5.11-6　支架及接地安装俯视图

5.12　配电室接地干线敷设

5.12.1　质量要求

接地干线安装牢固，支持件间距均匀，连接方式正确，与墙壁的间隙、距地高度等符合要求；接地干线黄绿相间色应涂刷均匀，检修接地螺栓设置不少于 2 个。

5.12.2　工艺流程

放线确定支持件位置→接地干线下料、预制→接地干线涂色→接地干线安装。

5.12.3　做法要点

（1）根据配电室总体布局弹线确定接地干线敷设的位置，扁钢接地干线支持件间距宜为 500mm；圆形导体支持件固定间距宜为 1000mm；弯曲部分宜为 0.3～0.5m。

（2）接地母线下料应采用机械切割，严禁使用电气焊下料。预制时，应预留好连接跨接地线及设置临时接地螺栓的孔位。

（3）接地母线加工完毕，涂刷黄绿双色条纹，其宽度宜为 15～100mm。检修接地螺栓部位不应涂刷，保留原镀锌层。接地干线应与接地装置或总等电位箱母排可靠连接。

（4）接地干线采用螺栓方式连接时，搭接部位不刷色带，保持原镀锌面；采用搭接焊方式连接时，焊接完成后应做防腐处理，补刷损坏的色带。镀锌扁钢的搭接长度不应小于扁钢宽度的 2 倍，三面施焊；镀锌圆钢的搭接长度不应小于圆钢直径的 6 倍，双面施焊。

① 接地干线沿建筑物墙壁敷设时，与墙壁的间隙宜为 10～20mm，距地面高度应符合设计要求，当设计无要求时，距地面高度宜为 250～300mm。

② 跨越内墙角或柱角时，转角处接地干线不应搣成死弯，跨越门口及引至变压器、配电柜等设备的接地干线宜采用暗敷设方式。

5.12.4　实例或示意图

如图 5.12-1 所示。

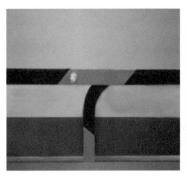

图 5.12-1　变配电室接地干线敷设实例图

5.13　等电位箱安装

5.13.1　质量要求

等电位箱安装牢固、端正，高度正确；连接母排材质、截面积符合设计要求；接地干线进出箱顺直，标识清晰、准确，与连接母排压接牢固。

5.13.2　工艺流程

预留接地干线→等电位箱体安装→接地干线与母排连接→接地母线标识。

5.13.3　做法要点

（1）进出等电位箱的接地干线数量、路由应根据设计要求做好预留。

（2）等电位箱安装应牢固、端正，高度正确。接地干线进出等电位箱的长孔应由工厂预留，禁止电气焊开孔。

（3）接地干线与连接母排压接牢固、紧密，进出等电位箱应平行排列，避免交叉。

5.13.4　实例或示意图

如图 5.13-1、图 5.13-2 所示。

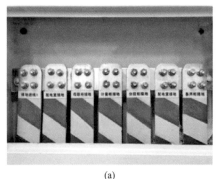

(a)　　　　　　　　　　　　　　　(b)

图 5.13-1　等电位箱安装实例图

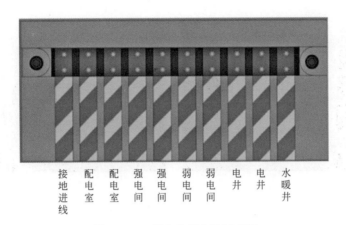

接地进线　配电室　配电室　强电间　强电间　弱电间　弱电间　电井　电井　水暖井

图 5.13-2　等电位箱安装示意图

5.14　配电间挡鼠板

5.14.1　质量要求

（1）铝合金材料表面不应有皱纹、裂纹、起皮、腐蚀斑点、气泡、电灼伤、流痕、发黏以及膜（涂）层脱落等缺陷存在。

（2）铝合金材料端边或断口处不应有分层、夹渣等缺陷。

（3）铝合金挡鼠板表面应洁净、平整、光滑、色泽一致，应无锈蚀、擦伤、划痕和碰伤。漆膜或保护层应连续。型材的表面处理应符合设计要求及国家现行标准的有关规定。

5.14.2　工艺流程

制作挡鼠板→门框安装卡槽→安装挡鼠板→挡鼠板接地。

5.14.3　做法要点

（1）根据门框尺寸，确定卡槽宽度和高度后定制挡鼠板。

（2）挡鼠板由挡鼠板主板面和卡槽构成，主板面用铝合金板制成，门框两侧安装卡槽，挡鼠板可以顺卡槽插入，有需要时可以将挡鼠板取出，挡鼠板安装后不能影响门的正常开关。接合处应做防腐处理后再刷两遍灰面漆。

5.14.4　实例或示意图

如图 5.14-1、图 5.14-2 所示。

 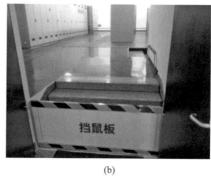

(a)　　　　　　　　　　　　　　(b)

图 5.14-1　挡鼠板实例图

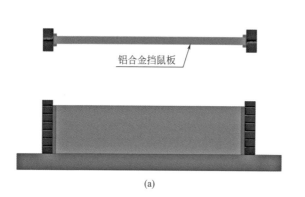 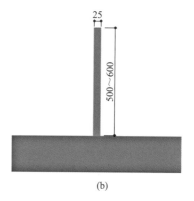

(a)　　　　　　　　　　　　　　(b)

图 5.14-2　挡鼠板示意图

第6章

柴油发电机房

6.1 柴油发电机设备基础

6.1.1 质量要求

基础表面平整度及承载力应满足设备要求。混凝土应浇捣密实，棱角方正，无孔洞、蜂窝、麻面等缺陷，混凝土强度满足设计要求。涂饰面层表面洁净、色泽均匀一致，无裂纹、起泡、脱皮等现象。设备基础轴线位置允许偏差小于 5mm，表面标高允许偏差小于 ±5mm，截面尺寸允许偏差小于 ±5mm。

6.1.2 工艺流程

布局策划→测量定位→基层处理→设备基础浇筑→基础养护→找平层施工→标高复核→设备安装→涂饰面层施工。

6.1.3 做法要点

（1）设备基础应整体布局，综合考虑设备管线空间布置合理、排列有序等因素。

（2）设备基础基层承载力应满足设计要求，设备基础的轴线位置、标高、平整度、截面尺寸应满足设备安装要求，预埋件、预留孔洞等应埋设牢固、位置准确。

（3）混凝土设备基础应保证混凝土洒水养护不少于 7d，混凝土强度达到设备安装设计强度要求后，方可进行设备安装。

（4）设备基础表面应光滑、平整。

（5）涂饰面层施工前应保证基层干燥，无裂纹、空鼓、起砂等现象，确保面层的施工质量。

（6）设备基础所有面层均不得埋压设备支座的隔振垫。

6.1.4 实例或示意图

如图 6.1-1、图 6.1-2 所示。

图 6.1-1　发电机设备基础实例图

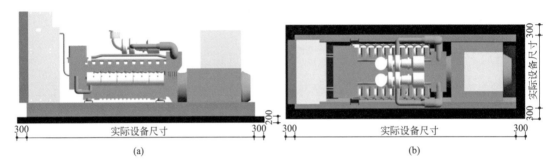

图 6.1-2　发电机设备基础实例图

6.2　柴油发电机房吸声墙面

6.2.1　质量要求

墙面排板均匀、对称，阴阳角方正，吸声板材表面应洁净、色泽一致，不得有翘曲、裂缝等缺陷，立面垂直度允许偏差 2mm，表面平整度允许偏差 3mm，接缝直线度偏差应小于 2mm，高低偏差应小于 1mm。

6.2.2　工艺流程

现场实际尺寸测量→排板、弹线定位→安装龙骨→安装块料吸声板材→接缝细部调整→清理。

6.2.3　做法要点

（1）龙骨表面应平整、光滑、无锈蚀、无变形，龙骨安装间距、规格、数量、位置、连接方式及防腐处理应符合设计及规范要求。

（2）吸声板材固定方式：

木龙骨：用射钉安装。

沿企口及板槽处用射钉将吸声板固定在龙骨上，射钉必须有 2/3 以上嵌入木龙骨，射钉要均匀排布，并要有一定的密度，每块吸声板与每条龙骨上连接射钉数量不少于 10 个。

轻钢龙骨：采用专用安装配件。

吸声板材横向安装，凹口朝上并用配件安装，由下往上每块吸声板材依次相接；吸声板材竖直安装，凹口在右侧，从左开始用同样的方法安装。两块吸声板端材要留出不小于 3mm 的缝隙。

（3）吸声板与配套龙骨的连接应平整、吻合，板缝应平直、宽窄一致，表面应光洁、平顺，接缝应均匀、顺直。

（4）根据材料规格，墙、顶、地面应对缝，留缝宽度均匀一致。

（5）无小于 1/2 的板块，且非整板应排在阴角或不明显处，控制开关线盒应居于板块中间或骑缝，隔墙上的孔洞、槽、盒应位置正确、套割方正、边缘整齐。

6.2.4 实例或示意图

如图 6.2-1～图 6.2-3 所示。

图 6.2-1 块料吸声墙面实例图

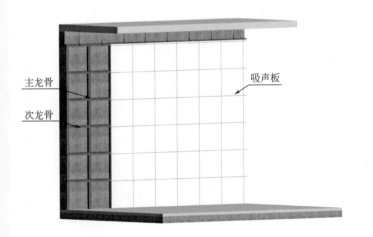

图 6.2-2 块料吸声墙面排板示意图

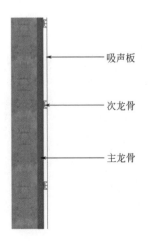

图 6.2-3 块料吸声墙面安装示意图

53

6.3 柴油发电机房吊顶

6.3.1 质量要求

吊顶整体面层平整、缝格均匀，收口条顺直，面板表面洁净、色泽一致，无翘曲、裂缝等缺陷，与墙面交接线条顺直、无污染，表面平整度偏差不大于 2mm，接缝高低偏差不大于 1mm，直线度偏差不大于 2mm。

6.3.2 工艺流程

现场实际尺寸测量→计算机排板→弹线定位→吊杆及龙骨安装→灯具、封口、喷淋等安装→块料面板安装。

6.3.3 做法要点

（1）金属龙骨的接缝应平整、吻合，颜色一致，不得有划伤和擦伤等表面缺陷，木质龙骨应平整、顺直且无劈裂，龙骨、吊杆安装间距、规格、数量、位置、连接方式及防腐、防火处理应符合设计要求。

（2）配套龙骨装完后，应拉通线进行整体调平、调直，并调好起拱度，起拱高度按设计要求确定，一般为空间跨度的 3‰~5‰。

（3）面板的安装应稳固严密，面板与龙骨的搭接宽度应大于龙骨受力面宽度的 2/3。

（4）面板上的灯具、烟感器、喷淋头、风口算子和检修口等设备设施的位置应合理美观、居中对称、成行成线，与面板的交接应吻合、严密。

（5）与配套龙骨的搭接应平整、吻合，板缝应平直，宽窄一致。

（6）无小于 1/3 的板块及小于 200mm 的非整块，无法避免时应采用镶边、凹槽等方式调整消除，宜与地面材料规格、排板上下呼应。

6.3.4 实例或示意图

如图 6.3-1~图 6.3-3 所示。

图 6.3-1　柴油发电机房吊顶实例图

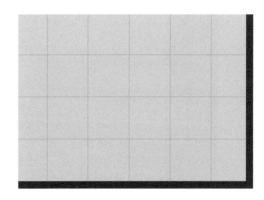

图 6.3-2　柴油发电机房吊顶排板示意图

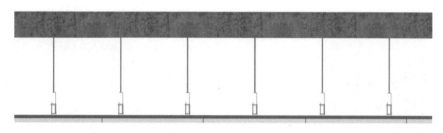

图 6.3-3 柴油发电机房吊顶示意图

6.4 柴油发电机房储油间

6.4.1 质量要求

（1）墙体平整，防火涂料涂刷均匀。

（2）防火门应安装牢固，门框垂直，防火门启闭灵活，双扇门自行关闭顺序正确，信号反馈功能良好；防烟、防火阻燃密封条粘贴牢固平整，转角处对接严密；合页安装方向正确，门框、门扇、五金干净无污染，漆面均匀完整，门框与涂料墙面间交接清晰，无污染。

（3）消防砂宜采用平均粒径 0.35～0.5mm 的干燥洁净砂粒。

6.4.2 工艺流程

防火墙砌筑→地面施工→墙面涂刷防火涂料→防火门安装。

6.4.3 做法要点

（1）墙体砌筑前应先弹墙体轴线，并根据位置线进行排砖；在砌筑过程中，要经常校核墙体的轴线和边线，当挂线过长，应检查是否达到平直、通顺、一致的要求，以防轴线产生位移。

（2）清除砖砌体表面杂物，残留灰浆、舌头灰、尘土等，在抹灰前一天润湿墙体，根据基层表面平整垂直情况，吊垂直、套方、找规矩，确定抹灰厚度，操作时应先抹上灰饼，再抹下灰饼，然后根据灰饼充筋。

（3）满刮两遍腻子干燥后，用砂纸将腻子残渣、斑迹等磨平、磨光，然后将墙面清扫干净。

（4）涂刷三遍涂料，涂刷每面墙面的顺序应自上而下、从左到右，不得乱涂刷，以防漏涂或涂刷过厚、涂刷不均匀等。

（5）门洞预留一定要和设计型号对应，严格按照图纸预留洞口尺寸进行预留，防火门开启方向正确，防火门采用能自行关闭的甲级防火门。

6.4.4 实例或示意图

如图 6.4-1、图 6.4-2 所示。

图 6.4-1　储油间实例图

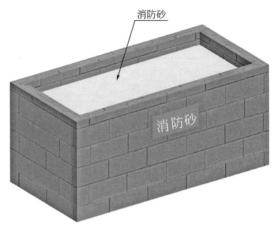

图 6.4-2　消防砂示意图

6.5　发电机组安装

6.5.1　质量要求

基础表面应无裂缝、空洞、露筋和掉角现象。发电机组导电金属等电位联结符合要求，需进行保护接地的金属部件与保护接地可靠连接，发电机及控制箱接线应正确可靠。馈电线两端的相序必须与原供电系统的相序一致。发电机随机的配电柜和控制柜接线应正确无误，所有紧固件应牢固，无遗漏、脱落。开关、保护装置的型号、规格必须符合设计要求。发电机运行中无异响及强烈振动。

6.5.2　工艺流程

发电机安装前检查→混凝土基础验收→主机吊装就位→排烟系统安装→转换柜安装→机组接线→接地→机组调试运行。

6.5.3　做法要点

（1）检查发电机安装附件及出厂技术资料齐全，铭牌及接线标识齐全清晰，外观完好。

（2）根据安装施工图，检查基础的外形尺寸及基础上的埋铁或预留孔位置。基础表面应无裂缝、空洞、露筋和掉角现象。根据土建提供的建筑轴线位置、标高的水平线，检查安装基准线与建筑轴线的距离，检查安装基准线与设备平面位置和标高的偏差值，安装水平度误差不大于 5mm。

（3）参照主机隔振器的位置，在混凝土基础定好隔振器地脚螺栓的位置并打孔，设置好螺栓，待机组吊装就位后，拧紧螺栓。

（4）柴油发电机组的排烟系统由法兰连接的管道、支撑件、波纹管和消声器组成，在法兰连接处应加石棉垫圈，排烟管管口应经过打磨，与消声器安装正确。机组与排烟管之间连接的波纹管不能受力，排烟管外侧包一层保温材料。

（5）发电机控制箱（屏）是发电机的配套设备，主要是控制发电机送电及调压。柜相互间或与基础型钢的连接应用镀锌螺栓固定，且防松零件齐全。二次回路配线成束绑扎，不同电压等级、交流线路、直流线路及控制线路应分别绑扎，且有标识；固定后不应妨碍手车开关或抽出式部件的拉出和推入。

（6）敷设电源回路、控制回路的电缆，并与设备进行连接。发电机及控制箱接线应正确可靠。馈电线两端的相序必须与原供电系统的相序一致。发电机随机的配电柜和控制柜接线应正确无误，所有紧固件应牢固，无遗漏、脱落，开关、保护装置的型号、规格必须符合设计要求。

（7）将发电机的中性线（工作零线）与接地母线用专用接地线及螺母连接，螺栓防松装置齐全，并设置标识。应急柴油发电机房的下列导电金属应做等电位联结：应急柴油发电机组的底座；日用油箱支架；金属管（如通风管道），门等；百叶窗、有色金属窗框架等；在墙上固定消声材料的金属固定框架。下列金属部件应与保护接地 PE（PEN）可靠连接：发电机的外壳、控制箱（屏、台）体、电缆桥架、敷线钢管、固定电器支架等。

（8）对受电侧的开关设备、自动或手动切换装置和保护装置等进行试验，试验合格后，按设计的备用电源使用分配方案，进行负荷试验，机组和电气装置连续运行24h无故障，方可交接验收。

6.5.4 实例或示意图

如图 6.5-1～图 6.5-8 所示。

图 6.5-1 柴油发电机组安装实例图

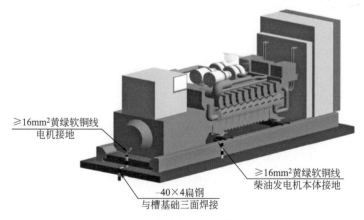

图 6.5-2 柴油发电机安装透视图

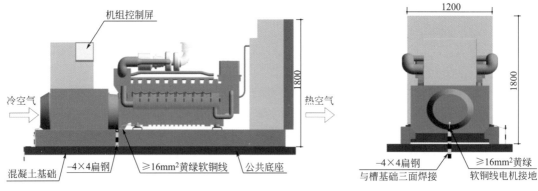

图 6.5-3 柴油发电机安装主视图

图 6.5-4 柴油发电机安装侧视图

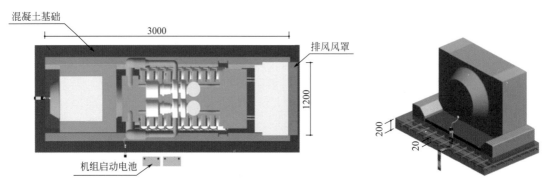

图 6.5-5 柴油发电机安装俯视图

图 6.5-6 发电机基础安装大样图

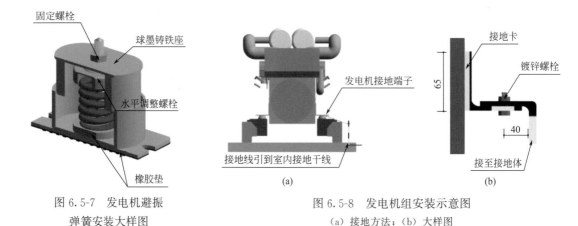

图 6.5-7 发电机避振
弹簧安装大样图

图 6.5-8 发电机组安装示意图
（a）接地方法；（b）大样图

6.6 柴油发电机房接地干线敷设

6.6.1 质量要求

接地干线安装牢固，支持件间距均匀，连接方式正确，与墙壁间的间隙、距地高度等符合要求；接地干线黄绿相间色应涂刷均匀，检修接地螺栓设置不少于2个。

6.6.2 工艺流程

放线确定支持件位置→接地干线下料、预制→接地干线涂色→接地干线安装。

6.6.3 做法要点

（1）根据柴油发电机房总体布局弹线确定接地干线敷设的位置，扁钢接地干线支持件间距宜为500mm；圆形导体支持件固定间距宜为1000mm；弯曲部分宜为0.3～0.5m。

（2）接地母线下料应采用机械切割，严禁使用电气焊下料。预制时，应预留好连接跨接地线及设置临时接地螺栓的孔位。

（3）接地母线加工完毕，涂刷黄绿双色条纹，其宽度宜为15～100mm。检修接地螺栓部位不应涂刷，保留原镀锌层。接地干线应与接地装置或总等电位箱母排可靠连接。

（4）接地干线采用螺栓方式连接时，搭接部位不刷色带，保持原镀锌面；采用搭接焊方式连接时，焊接完成后应做防腐处理，补刷损坏的色带。镀锌扁钢的搭接长度不应小于扁钢宽度的2倍，三面施焊；镀锌圆钢的搭接长度不应小于圆钢直径的6倍，双面施焊。

接地干线沿建筑物墙壁敷设时，与墙壁间的间隙宜为10～20mm，距地面高度应符合设计要求，当设计无要求时，距地面高度宜为250～300mm。跨越内墙角或柱角时，转角处接地干线不应搋成死弯，跨越门口及引至变压器、配电柜等设备的接地干线宜采用暗敷设方式。

6.6.4 实例或示意图

如图6.6-1～图6.6-3所示。

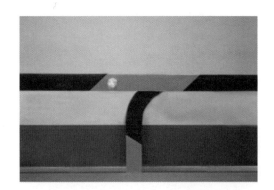

图6.6-1 柴油发电机接地干线敷设实例图

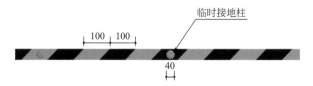

图6.6-2 接地母线安装示意图

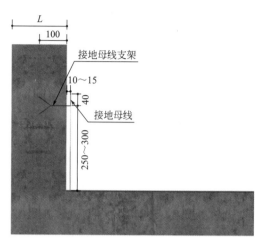

图 6.6-3　支架安装示意图

6.7　柴油发电机房挡鼠板

6.7.1　质量要求

（1）铝合金材料表面不应有皱纹、裂纹、起皮、腐蚀斑点、气泡、电灼伤、流痕、发黏以及膜（涂）层脱落等缺陷存在。

（2）铝合金材料端边或断口处不应有分层、夹渣等缺陷。

（3）铝合金挡鼠板表面应洁净、平整、光滑、色泽一致，应无锈蚀、擦伤、划痕和碰伤。漆膜或保护层应连续。型材的表面处理应符合设计要求及国家现行标准的有关规定。

6.7.2　工艺流程

制作挡鼠板→门框安装卡槽→安装挡鼠板→挡鼠板接地。

6.7.3　做法要点

（1）根据门框尺寸，确定卡槽宽度和高度后定制挡鼠板。

（2）挡鼠板由挡鼠板主板面和卡槽构成，主板面用铝合金板制成，门框两侧安装卡槽，挡鼠板可以顺卡槽插入，有需要时可以将挡鼠板取出，挡鼠板安装后不能影响门的正常开关。接合处应做防腐处理后再刷两遍灰面漆。

6.7.4　实例或示意图

如图 6.7-1、图 6.7-2 所示。

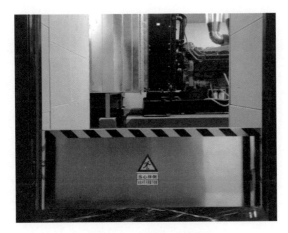

图 6.7-1　挡鼠板实例图

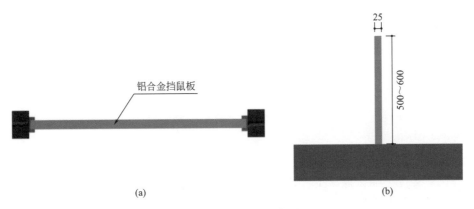

(a)

(b)

图 6.7-2　挡鼠板示意图

第7章

地下室燃气锅炉房

7.1 概述

7.1.1 一般规定

(1) 设备基础必须安全稳固，表面应光滑、平整，标高、尺寸应准确，安装检修方便。设备基础宽度应扩出设备底座 100～150mm。

(2) 多组相同设备基础纵向顺直，标高、间距一致。落地支架根部设置水泥防水台座，避免根部积水。

(3) 基础顶面宜有坡向四周的坡度，保证以基础为中心的区域不积水，饰面不得埋压设备支座的隔振垫。隔振器（垫）的形式应符合设计或规范要求，隔振器（垫）底座不应被混凝土或水泥砂浆掩埋。

(4) 动设备的隔振装置应符合设计要求，隔振装置齐全有效，并有防松动措施。当有发生水平位移的可能时，应在设备基座四周设置限位约束措施。

(5) 排水沟（槽）需要设算子盖板时，盖板顶面高度与泵房地面高度平齐，其强度及耐久性应符合相关要求。

(6) 采用 BIM 技术进行锅炉房的优化设计，重点应考虑设备管道、通风管道、消防、燃气管道、电缆线槽、综合支吊架的综合布置。

(7) 锅炉操作地点和通道的净空高度不应小于 2m，并应满足起吊设备操作高度的要求。

(8) 燃气锅炉房设置防爆泄压设施和独立的通风系统。

(9) 焊接管道避免在焊缝上开孔，两条焊缝间距应大于 100mm。卡箍连接的管道立管必须考虑设置支架。燃气管道焊缝按照规范进行无损检测。

(10) 阀门应经强度和严密性试验合格才可安装。

(11) 安全阀应经锅炉水压试验合格再安装，安全阀的排气管应直通室外安全处，排气管的截面积不应小于安全阀排气口的截面积。排气管应坡向室外并在最低点的底部安装排水管，接到安全处，排气管和排水管上不得安装阀门。

(12) 综合支架、吊架上的（导向支座、止推支座）类型应符合设计规定。

（13）消防自动报警系统和自动火灾灭火系统按照消防相关要求精选。

（14）关注阀门、静置设备排污口等部位的保温，减少漏保温现象，保证绝热效率。

（15）锅炉房内的设备及管道，其保护层或保温层的表面宜涂色或涂色环，并画出箭头标示内部介质的种类及其流向。当介质温度低于120℃时，设备和管道的表面宜刷高温防锈漆。

（16）锅炉房使用防爆灯具照明，非金属燃气管道设静电接地装置；金属燃气管道可与防雷或电气系统接地保护线相连，不另设静电接地装置。

（17）电缆用钢导管保护，从线槽中引出，用柔性导管保护并与设备连接。动力电缆的柔性导管长度不得超过0.8m。

（18）设备和所有的金属结构必须与接地干线可靠连接。

7.1.2　规范要求

1. 地下室燃气锅炉房适用的相关标准

（1）《锅炉房设计标准》GB 50041—2020。

（2）《建筑设计防火规范（2018年版）》GB 50016—2014。

（3）《2009全国民用建筑工程设计技术措施：规划·建筑·景观》。

（4）《城镇燃气设计规范（2020年版）》GB 50028—2006。

（5）《建筑地面设计规范》GB 50037—2013。

（6）《混凝土结构工程施工质量验收规范》GB 50204—2015。

（7）《建筑地面工程施工质量验收规范》GB 50209—2010。

（8）《建筑给水排水及采暖工程施工质量验收规范》GB 50242—2002。

（9）《通风与空调工程施工质量验收规范》GB 50243—2016。

（10）《自动喷水灭火系统施工及验收规范》GB 50261—2017。

（11）《建筑电气工程施工质量验收规范》GB 50303—2015。

2. 强制性条文及主要规范、规定

（1）《锅炉房设计标准》GB 50041—2020。

4.1.3　当锅炉房和其他建筑物相连或设置在其内部时，不应设置在人员密集场所和重要部门的上一层、下一层、贴邻位置以及主要通道、疏散口的两旁，并应设置在首层或地下室一层靠建筑物外墙部位。

15.1.1　锅炉房的火灾危险性分类和耐火等级应符合下列规定：

锅炉间应属于丁类生产厂房，建筑不应低于二级耐火等级。

15.1.2　锅炉房的外墙、楼地面或屋面应有相应的防爆措施，并应有相当于锅炉间占地面积10%的泄压面积，泄压方向不得朝向人员聚集的场所、房间和人行通道，泄压处也不得与这些地方相邻。地下锅炉房采用竖井泄爆方式时，竖井的净横断面积应满足泄压面积的要求。

15.1.3　燃油、燃气锅炉房锅炉间与相邻的辅助间之间应设置防火隔墙，并应符合下列规定：

1 锅炉间与油箱间、油泵间和重油加热器间之间的防火隔墙，其耐火极限不应低于 3.00h，隔墙上开设的门应为甲级防火门。

2 锅炉间与调压间之间的防火隔墙，其耐火极限不应低于 3.00h。

3 锅炉间与其他辅助间之间的防火隔墙，其耐火极限不应低于 2.00h，隔墙上开设的门应为甲级防火门。

15.1.6 锅炉房为多层布置时，锅炉基础与楼地面接缝处应采取适应沉降的措施。

15.1.18 平台和扶梯应选用不燃烧的防滑材料；操作平台宽度不应小于 800mm，扶梯宽度不应小于 600mm；平台上部净高不应小于 2m，扶梯段上部净高不应小于 2.2m；经常使用的钢梯坡度不宜大于 45°。

16.2.9 非独立锅炉房及宾馆、医院和精密仪器车间附近的锅炉房，其风机、水泵等设备与其基础之间应设置隔振器。

16.2.10 非独立锅炉房的墙、楼板、隔声门窗的隔声量不应小于 35dB（A）。

（2）《建筑设计防火规范（2018 年版）》GB 50016—2014。

6.1.1 防火墙应从楼地面基层隔断至梁、楼板或屋面板的底面基层。

（3）《建筑地面设计规范》GB 50037—2013。

6.0.13 排水沟的纵向坡度不宜小于 0.5%。排水沟宜设盖板。

（4）《建筑地面工程施工质量验收规范》GB 50209—2010。

5.7.4 不发火（防爆）面层中碎石的不发火性必须合格；砂应质地坚硬、表面粗糙，其粒径应为 0.15mm～5mm，含泥量不应大于 3%，有机物含量不应大于 0.5%；水泥应采用硅酸盐水泥、普通硅酸盐水泥；面层分格的嵌条应采用不发生火花的材料配置。配置时应随时检查，不得混入金属或其他易发生火花的杂质。

（5）《建筑给水排水及采暖工程施工质量验收规范》GB 50242—2002。

13 供热锅炉及辅助设备安装

13.2.6 锅炉的汽、水系统安装完毕后，必须进行水压试验。水压试验的压力应符合表 13.2.6 的规定。

水压试验压力规定 表13.2.6

项次	设备名称	工作压力 P（MPa）	试验压力（MPa）
1	锅炉本体	$P<0.59$	1.5P 但不小于 0.2
		$0.59{\leq}P{\leq}1.18$	$P+0.3$
		$P>1.18$	1.25P
2	可分式省煤器	P	$1.25P+0.5$
3	非承压锅炉	大气压力	0.2

注：①工作压力 P 对蒸汽锅炉指炉筒工作压力，对热水锅炉指锅炉额定出水压力；
②铸铁锅炉水压试验同热水锅炉；
③非承压锅炉水压试验压力为 0.2MPa，试验期间压力应保持不变。

检验方法:

1. 在试验压力下 10min 内压力降不超过 0.02MPa,然后降至工作压力进行检查,压力不降,不渗不漏。

2. 观察检查,不得有残余变形,受压元件金属壁和焊缝上不得有水珠和水雾。

13.3.3 分汽缸(分水器、集水器)安装前应进行水压试验,试验压力为工作压力的 1.5 倍,但不得小于 0.6MPa。

检验方法:试验压力下 10min 内无压降、无渗漏。

13.3.4 敞口箱、罐安装前应做满水试验;密闭箱、罐应以工作压力的 1.5 倍做水压试验,但不得小于 0.4MPa。

检验方法:满水试验满水后静置 24h 不渗不漏;水压试验在试验压力下 10min 内无压降,不渗不漏。

13.3.5 地下直埋油罐在埋地前应做气密性试验,试验压力降不应小于 0.03MPa。

检验方法:试验压力下观察 30min 不渗不漏,无压降。

13.3.6 连接锅炉及辅助设备的工艺管道安装完毕后,必须进行系统的水压试验,试验压力为系统中最大工作压力的 1.5 倍。

检验方法:在试验压力 10min 内压力降不超过 0.05MPa,然后降至工作压力进行检查,不渗不漏。

13.6.1 热交换器应以最大工作压力的 1.5 倍做水压试验,蒸汽部分应不低于蒸汽供汽压力加 0.3MPa;热水部分应不低于 0.4MPa。

检验方法:在试验压力下,保持 10min 压力不降。

(6)《通风与空调工程施工质量验收规范》GB 50243—2016。

5.2.7 防排烟系统的柔性短管,必须采用不燃材料。

6.2.2 当风管穿过需要封闭的防火、防爆的墙体或楼板时,必须设置厚度不小于 1.6mm 的钢制防护套管。风管与防护套管之间应采用不燃柔性材料封堵严密。

6.2.3 风管安装必须符合下列规定:

1 风管内严禁其他管线穿越。

2 输送含有易燃、易爆气体或安装在易燃、易爆环境的风管系统必须设置可靠的防静电接地装置。

3 输送含有易燃、易爆气体的风管系统通过生活区或其他辅助生产房间时不得设置接口。

8.2.5 燃气系统管道与机组的连接不得使用非金属软管。燃气管道的吹扫和压力试验应为压缩空气或氮气,严禁用水。当燃气供气管道压力大于 0.005MPa 时,焊缝无损检测的执行标准应按设计规定。当设计无规定,且采用超声波探伤时,应全数检测,以质量不低于 Ⅱ 级为合格。

7.1.3 管理规定

(1)锅炉、燃气管道安装必须由具有安装资质的安装单位承担,并到市场监管部门办理相关手续。

（2）施工前应完成相关深化设计、施工方案、创优策划及技术质量交底等相关准备工作，在方案、交底制定过程中应充分利用 BIM 技术手段。技术交底应确保交底至班组及操作工人，明确工艺措施、细部做法、质量标准及相关要求。

（3）安装施工前对到货的锅炉及辅助设备均应按制造厂提供的技术文件，对照建设单位与供应商签订的详细技术文件进行核对、验收及安装，并需密切配合土建施工，校核设备基础尺寸，做好留洞、预埋、支吊架等工作。保证安装区域有足够的加工制作空间，墙柱及楼板已装修完成，设备的混凝土基础强度达到设计要求。

（4）按照创优策划的结果明确责任人，统一土建、装饰装修、安装各专业的组织协调。

（5）电焊工、电工必须持证上岗。焊工必须持有市场监管部门认可的资格证书。

（6）严格执行材料验收制度，施工所用的材料、半成品及部品部件须严格进行进场检验、试验及验收。

（7）实施样板引路制度，各工序及细部在施工前须先行施工样板，样板得到确认后才能进入正式施工。

（8）施工过程中相关责任人应加强质量控制与检查，确保过程质量处于完全受控状态。

（9）工序隐蔽前确保完成检查且符合要求后，方可进入下一道工序施工。

（10）相关检测试验及工程技术资料的收集整理应保持与工程进度同步。

7.1.4 深化设计

（1）设备安装工程创建精品应以保证设备的功能、结构安全可靠、经济、适用、美观、节能环保及绿色施工为原则，在施工前进行工程创优总体策划，做到策划先行，样板引路，过程控制，持续改进。

（2）设备订货后，根据设备规格、型号、几何尺寸，充分利用 CAD、BIM 等技术对锅炉及附属设备、排风机、热交换器、现场控制电气箱（柜）等设备的基础、接地扁钢、支架根部混凝土保护墩，设备附件及连接管道、消防喷淋管道、风管、支吊架、动力电缆线槽、控制电缆槽、刚性导管及其支吊架，操作维护检修通道进行设计。土建专业要对墙面的装修等进行整体布局，对综合支吊架、设备基础型钢等关键节点进行优化。

（3）深化设计的原则：精确备料，精准定位，一次成优。

7.2 地面工程施工工艺

7.2.1 不发火（防爆）地面

1. 质量要求

面层表面应密实，无裂缝、蜂窝、麻面等缺陷，表面平整度允许偏差不超过 5mm，缝格顺直，允许偏差不超过 3mm。

2. 工艺流程

基底处理→找标高→贴饼冲筋→搅拌→铺设混凝土面层→振捣→找平→压光→养护→检查验收。

3. 做法要点

（1）不发火（防爆）面层应采用水泥类的拌合料铺设，其厚度应符合设计要求。施工所用的材料应在试验合格后使用，不得任意更换材料和配合比。

（2）施工前应将基层表面的泥土、灰浆皮、灰渣及杂物清理干净、油渍污迹清洗掉，抹底灰前一天要将基层浇水润湿，但不得有积水。

（3）当不发火（防爆）面层铺设在水泥类的基层上时，其基层的抗压强度不得小于1.2MPa；基层表面应粗糙、洁净、湿润并不得有积水。铺设前宜涂刷界面处理剂。

（4）不发火（防爆）混凝土面层铺设时，先在已润湿的基层表面均匀地涂刷一道素水泥浆。随即分仓顺序摊铺，随铺随用刮杠刮平，用铁滚筒纵横交错来回滚压3～5遍至表面出浆，用木抹子拍实搓平，然后用铁抹子压光。待收水后再压光2～3遍，至抹平压光为止。

（5）最后一遍压光后根据气温（常温情况下24h），洒水养护，时间不少于7d，养护期间不得上人和堆放物品。

（6）当机房面长边尺寸超过6m时应设置分格缝，防止地面开裂。分格缝设置应综合考虑机房整体布局，分格缝纵横间距宜为4～6m，面层分格的嵌条应采用不发火材料配制。

4. 实例或示意图

如图7.2-1～图7.2-3所示。

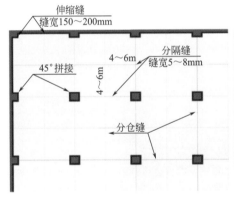
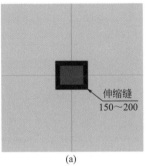

图7.2-1 分格排板示意图　　　　图7.2-2 矩形柱伸缩缝及分格缝示意图

图7.2-3 不发火地面实例

7.2.2 地面有组织排水施工工艺

1. 质量要求

排水沟内表面平整、光洁，棱角方正，线角顺直清晰。箅子与地面平齐，接缝严密，无晃动、变形，平整度偏差不大于 2mm，纵向坡度不小于 0.5%。

2. 工艺流程

基层处理→角钢埋设→地面混凝土浇筑→地面装饰面层施工→箅子铺设。

3. 做法要点

（1）排水沟底部及侧面可粉刷水泥砂浆或粘贴饰面砖。

（2）排水沟上口应拉通线埋设钢板，角钢与预埋钢板采用焊接连接，确保角钢固定方正、上口平顺，与两侧地面交接平整，拼接严密。

（3）地面混凝土浇筑时，应对角钢进行加固，防止角钢发生位移或变形，角钢与地面以及饰面砖与地面交界处应平整清晰。

（4）角钢外侧可粘贴饰面砖或涂刷涂料色带，宽度宜为 50~80mm。

（5）排水沟箅子可选用不锈钢、塑料、铸铁、玻璃钢或石材等材料，箅子厚度与角钢协调，长度应按地沟长度预排加工，无小于 1/3 的拼块。采用石材箅子时，排水孔宜为直径 25~30mm 的圆孔或条形孔。

（6）锅炉房为多层布置时，锅炉基础与楼地面接缝处应采取适应沉降的措施。接缝可采用填砂灌冷胶料的方式处理。

4. 实例或示意图

如图 7.2-4~图 7.2-6 所示。

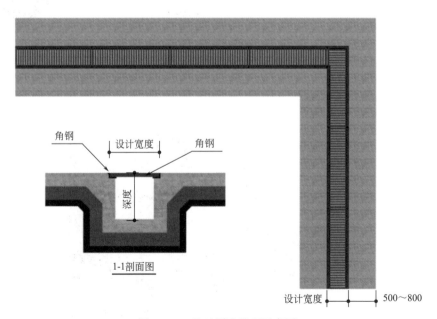

图 7.2-4　基础周边处理示意图

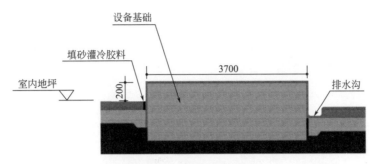

图 7.2-5 排水沟示意图

图 7.2-6 排水沟实例图

7.3 墙面、顶棚（耐火型）工程施工工艺

7.3.1 质量要求

燃气锅炉房锅炉间与相邻辅助间的隔墙应为防火墙，装饰面层表面平整光滑、色泽一致，洁净，无裂缝。

7.3.2 工艺流程

基层处理→修补墙面→刮腻子→刷底漆→刷一至三遍面漆（耐火型乳胶漆）。

7.3.3 做法要点

（1）基层处理应除去表面的浮浆、松动物及其他残留物，清理表面的油污等对粘结不利的有机物。

（2）刷底漆的涂刷顺序是先涂刷顶棚后刷墙面，墙面是先上后下。将基层表面清理干净。底漆使用前应加水搅拌均匀，待干燥后复补腻子，腻子干燥后再用砂纸磨光，并清扫干净。

（3）刷一至三遍面漆：操作要求同底漆，使用前充分搅拌均匀。刷二至三遍面漆时，需待前遍漆膜干燥后，用细砂纸打磨光滑并清扫干净后再刷下一遍。由于乳胶漆膜干燥较快，涂刷时应连续迅速操作，上下顺刷互相衔接，避免干燥后出现接头。

7.3.4 实例或示意图

如图 7.3-1 所示。

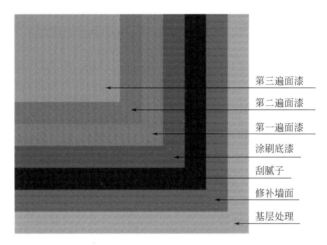

图 7.3-1 做法示意图

7.4 整装锅炉本体、辅助设备及管道安装

7.4.1 质量要求

锅炉设备安装的坐标在允许偏差范围内，锅炉找平、找正，垫铁的布置及数量符合规范要求。锅炉安装位置精确，辅助设备安装整齐，设备安装固定牢固，管道安装整齐美观，锅炉管道保温严密，外观平整；锅炉的汽、水系统安装完毕后，必须进行水压试验；锅炉装置上的水位计、压力表、安全阀、高低水位报警器和超温、超压报警器，以及连锁保护装置必须按照设计要求安装齐全和有效。综合管道支架的类型和形式需要设计确认。燃气管道法兰、阀组等电位联结有效，标识清晰。

锅炉安装告知和监检手续齐全。

7.4.2 工艺流程

基础验收、设备开箱验收→锅炉本体安装→辅助设备安装→管道、阀门及仪表安装→支吊架制作、安装→开关箱及防护连锁安装→锅炉本体水压试验→烘炉、煮炉及严密性试验→接地、标识、地脚螺栓防锈处理。

7.4.3 做法要点

（1）锅炉和辅助设备的基础外形无裂纹、空洞、露筋、掉角现象，尺寸和质量必须符合要求。

锅炉和锅炉辅助设备开箱验收合格才能安装。

（2）用起重设备缓慢吊装锅炉。

① 锅炉的纵向中心线与基础的纵向中心线相吻合，误差不大于±10mm。

② 就位后调平找正，并保证炉体四角垫实，保持一定的水平度。

③ 炉前、炉后及两侧通道要有足够的操作空间，净距离不小于800mm。

④ 锅炉找平、找正，用垫铁进行调整，垫铁的布置及数量应符合规范要求。

（3）辅助设备布置合理，设备就位后找平、找正，地脚螺栓紧固正确。

① 动设备和静置设备基础分开。

② 有热膨胀要求的静置设备固定支座和滑动支座安装正确。

③ 锅炉支架的底板与基础之间必须用水泥砂浆堵严，锅炉底板与基础之间的密封砖墙应砌筑严密，两侧抹水泥砂浆基础的预留孔洞安装完毕后也应砌好，用水泥砂浆抹严。

（4）管道布置合理、安装坡向正确，保温严密。

① 管道、阀门的安装位置应符合设计要求，不应妨碍设备、管道及阀体本身的操作、拆装和检修。成排安装时，同一系统、同一型号的阀门安装高度、手轮方向等应保持一致。

② 保温管道上的阀门手柄严禁朝下安装。

③ 燃气管道法兰必须有效接地跨接，燃气系统管道与机组的连接不得使用非金属软管；当燃气供气管道压力大于5kPa时，焊缝无损检测应按设计要求执行；当设计无规定时，应对全部焊缝进行无损检测并合格。燃气管道吹扫和压力试验的介质应采用空气或氮气，严禁采用水。

（5）按照图纸规定的位置安装管道导向支架和止推支架。

① 管道支架和地面、墙面的连接板宜采用厚4~6mm的钢板，架体采用型钢对称45°切角弯折成90°满焊；除锈后刷两遍防锈漆，然后刷两遍面漆；用膨胀螺栓固定。

② 保温管道支架的位置安装木托。

③ 支架地面连接板用混凝土做护墩。

（6）开关箱就位找平、找正后，紧固地脚螺栓，敷设开关箱到各个电机的配管和导线，开关箱及电气设备外壳应有良好的保护接地。

（7）按照试压方案对锅炉及附属管道进行水压试验。

（8）锅炉在烘炉、煮炉合格后，应进行48h带负荷连续试运行，同时应进行安全阀的热状态定压检验和调整。

（9）所有金属构件必须和接地扁钢连接。按照标识策划方案标识设备、管道和阀门。

设备地脚螺栓及螺母外加PVC短管或PVC保护帽，螺栓及螺母表面涂黄油保护。

7.4.4　实例或示意图

如图7.4-1、图7.4-2所示。

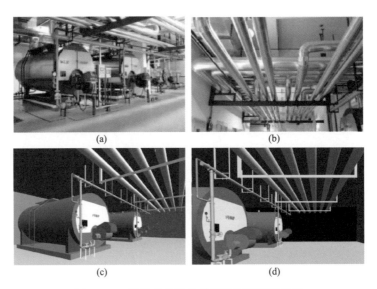

图 7.4-1　锅炉整体安装效果及管道安装效果

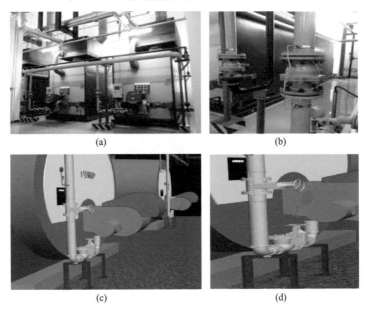

图 7.4-2　阀组和法兰等电位跨接

7.5　板式换热设备及管配件安装

7.5.1　质量要求

板式换热设备安装定位精确，固定牢固，一次、二次侧进出口管道接口正确。

7.5.2　工艺流程

基础验收、划线、设备开箱检查→设备就位→找平、找正→管道、阀门安装→水压试验→接地、标识、地脚螺栓防锈处理。

7.5.3 做法要点

（1）混凝土基础找平、划线，中心线偏差不大于±10mm。

设备安装前应核对出厂质量说明书的主要技术数据，并对设备进行复测。检查设备壁上的基准圆周线，应与设备主轴线垂直。

（2）板式换热设备为不规则设备，吊装时先试吊，确定设备的重心，按照设计图样，对设备的管口方位、中心线和重心位置确认无误后方可就位。

设备的找正与找平应按基础上的安装基准线（中心标记、水平标记），对应设备上的基准测点进行调整和测量。设备各支承的底面标高应以基础上的标高基准线为基准。

（3）管道和换热器接驳前，管道里面要清理干净，防止砂石、焊渣等杂物进入换热器，造成堵塞。

管道、阀门的安装位置应符合设计要求，方便操作、拆装和检修，成排安装时，同一系统、同一型号的阀门安装高度、手轮方向等应保持一致。

保温管道上的阀门手柄严禁朝下安装。

（4）按照图纸规定的位置安装管道导向支架或止推支架。

管道支架和地面、墙面的连接板宜采用厚4～6mm的钢板，架体采用型钢对称45°切角弯折满焊；除锈后刷两遍防锈漆，然后刷两遍面漆；用膨胀螺栓固定。保温管道支架的位置安装木托。

支架地面连接板用混凝土做护墩。

热交换器应以最大工作压力的1.5倍做水压试验，蒸汽部分应不低于蒸汽压力加0.3MPa，热水部分应不低于0.4MPa。

（5）所有金属构件必须与接地扁钢连接。

按照标识策划方案标识设备、管道和阀门。

设备地脚螺栓及螺母外加PVC短管或PVC保护帽，螺栓及螺母表面涂黄油保护。

7.5.4 实例或示意图

如图7.5-1所示。

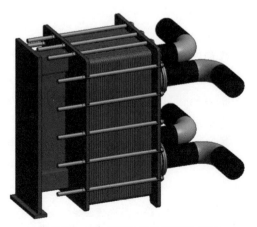

图7.5-1 板式换热设备安装效果图

7.6 供暖入口装置及计量安装

7.6.1 质量要求

入口装置需设置于管网进口处的用户房间内、架空管道或地沟内，在供回水总管上均应设置压力表、温度计，必要时供水管上设调压装置和除污器；入户装置安装后不得妨碍进出口阀门、锁闭阀、排污器、测温感应器等的正常操作和使用；各装置安装时外壳上标识的箭头方向必须和水流方向一致。入口装置二次侧试验压力为系统工作压力的 1.25 倍，管道试压合格后应注水冲洗，直至排出水不含泥沙、铁屑等杂质，且水色不浑浊，方为合格。

管网水力平衡装置和过滤器由省级及以上检测机构出具符合当地要求的检测（测试）报告。水力平衡装置生产单位应提供水力平衡调试，并出具调试报告。

7.6.2 工艺流程

测绘、定位→入口装置组装→计量仪表、阀件组装→管道安装→管道支架制作、安装→接地、标识。

7.6.3 做法要点

（1）入户装置在管道安装之前先进行下料、组装。

（2）入户计量装置电缆线的安装过程中应该按照设备规定标记进行接线，不得自行改动。

（3）安装时应检查装置中标有红色套管的温度传感器是否插装在入水一侧；污物收集器（排污器）应安装在流量系统的前方，不可调位与安错。

（4）流量传感器的前后应分别设置具有关断功能的阀门，流量传感器前应安装过滤器；超声波流量计安装时前后直管段需满足表前 $10D$、表后 $5D$ 的要求（D 为管道直径）。

（5）当采用积分仪分体式热量表时，为便于观察，积分仪高度宜小于等于 1.6m。位于地下室公共空间的需加保护箱，以免误动。

室外热计量小室设置在楼前的，宜采用积分仪分体式热量表，并将积分仪安装在最近单元一层，需加保护箱，以免误动。

（6）管道、阀门的安装位置应符合设计要求，方便操作、拆装和检修。成排安装时，同一系统、同一型号的阀门安装高度、手轮方向等应保持一致。

（7）管道支架和地面、墙面的连接板宜采用厚 4～6mm 的钢板，架体采用型钢对称45°切角弯折满焊；除锈后刷两遍防锈漆然后刷两遍面漆；用膨胀螺栓固定。保温管道支架的位置安木托。

支架地面连接板用混凝土做护墩。

（8）所有金属构件必须与接地扁钢连接。按照标识策划方案标识设备、管道和阀门。

7.6.4 实例或示意图

如图 7.6-1～图 7.6-3 所示。

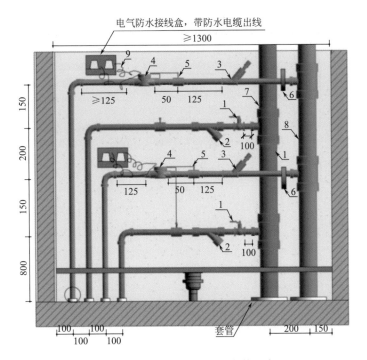

图 7.6-1 分户热计量装置安装示意

1-关门阀（球阀或止水阀）；2-Y 形过滤器；3-静态平稳阀（兼关断阀）；

4-户用热量表；5-温度传感器；6-活接头；7-供水立管；

8-回水立管；9-电源线

图 7.6-2 居住建筑供暖入口装置计量专用小间实例

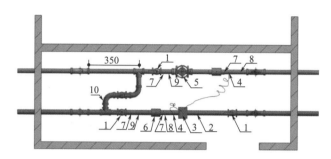

图 7.6-3　户内分集水器示意图

1-关门阀；2-超声波流量计；3-积分仪；4-温度传感器；
5-静态平衡阀；6-Y形过滤器；7-压力表（管内）；8-温度表；
9-泄水阀（管内）；10-循环管 DN25

第8章

制冷机房地面工程施工工艺

8.1 概述

8.1.1 一般规定

（1）设备基础的坐标、标高、平整度、几何尺寸应满足设备安装要求，基础表面应光滑、平整，并宜有坡向四周的坡度。多组相同设备基础纵向顺直，标高、间距一致。

（2）动设备的隔振装置应符合设计要求，隔振装置齐全有效并有防松动措施。当有发生水平位移的可能时，应在设备基座四周设置限位约束措施。隔振器的安装应规范，不应被混凝土或水泥砂浆掩埋，压缩型橡胶隔振器不应被完全压缩而失去隔振能力。

（3）机房地面应设置有组织排水，排水沟槽整齐精细，排水走向清晰。排水沟槽的过水面积应与泄水管（试水阀）放水流量相适应。

（4）空调机房、配管、风道等房间一般要设置在建筑的核心部位。

（5）制冷机房应布置在地下室，并要做好隔声、防振措施。

（6）制冷机房的位置应与低压配电间相邻。

（7）机组安装的周围应预留不小于 800mm 的检修空间。

（8）机组安装前地下室内应留有必要的通道，应有充足的照明设施，具有良好的通风措施，并设置必要的灭火器具。

（9）工程修改应有设计单位的设计变更通知书或技术核定。施工图深化设计时，应得到设计单位的确认。

（10）制冷机房的施工应按规定的程序进行，并应与土建及其他专业工种相互配合。

8.1.2 规范要求

1. 制冷机房施工的主要相关规范标准

（1）《混凝土结构工程施工质量验收规范》GB 50204—2015。

（2）《建筑地面设计规范》GB 50037—2013。

（3）《通风与空调工程施工质量验收规范》GB 50243—2016。

（4）《通风与空调工程施工规范》GB 50738—2011。

（5）《通风管道技术规程》JGJ/T 141—2017。

（6）《多联机空调系统工程技术规程》JGJ 174—2010。

2. 主要规范强制性条文、规定

（1）《混凝土结构工程施工质量验收规范》GB 50204—2015。

现浇设备基础坐标位置允许偏差不大于20mm，不同平面标高允许偏差控制在（0，−20）平面外形尺寸允许偏差控制在±20mm，凸台上平面外形尺寸允许偏差控制在（0，−20），凹槽尺寸允许偏差控制在（+20，0），平面水平度允许偏差每米不超过5mm，全长不超过10mm，垂直度允许偏差每米不超过5mm，全高不超过10mm。

（2）《建筑地面设计规范》GB 50037—2013。

排水沟的纵向坡度不宜小于0.5%。排水沟宜设盖板。

（3）《通风与空调工程施工质量验收规范》GB 50243—2016。

8.2.1 制冷机组及附属设备的安装应符合下列规定：

1 制冷（热）设备、制冷附属设备产品性能和技术参数应符合设计要求，并应具有产品合格证书、产品性能检验报告。

2 设备的混凝土基础应进行质量交接验收，且应验收合格。

3 设备安装的位置、标高和管口方向应符合设计要求。采用地脚螺栓固定的制冷设备或附属设备，垫铁的放置位置应正确，接触应紧密，每组垫铁不应超过3块；螺栓应紧固，并应采取防松动措施。

8.2.6 组装式的制冷机组和现场充注制冷剂的机组，应进行系统管路吹污、气密性试验、真空试验和充注制冷剂检漏试验，技术数据应符合产品技术文件和国家现行标准的有关规定。

8.3.1 制冷（热）机组与附属设备的安装应符合下列规定：

1 设备与附属设备安装允许偏差和检验方法应符合表8.3.1的规定。

设备与附属设备安装允许偏差和检验方法　　　　表8.3.1

项次	项目	允许偏差	检验方法
1	平面位置	10mm	经纬仪或拉线或尺量检查
2	标高	±10mm	水准仪或经纬仪、拉线和尺量检查

2 整体组合式制冷机组机身纵、横向水平度的允许偏差应为1‰。当采用垫铁调整机组水平度时，应接触紧密并相对固定。

3 附属设备的安装应符合设备技术文件的要求，水平度或垂直度允许偏差应为1‰。

4 制冷设备或制冷附属设备基（机）座下减振器的安装位置应与设备重心相匹配，各个减振器的压缩量应均匀一致，且偏差不应大于2mm。

5 采用弹性减振器的制冷机组，应设置防止机组运行时水平位移的定位装置。

6 冷热源与辅助设备的安装位置应满足设备操作及维修的空间要求，四周应有排水设施。

（4）《通风与空调工程施工规范》GB 50738—2011。

3.1.5 施工图变更需经原设计单位认可，当施工图变更涉及通风与空调工程的使用效果和节能效果时，该项变更应经原施工图设计文件审查机构审查，在实施前应办理变更手续，并应获得监理和建设单位的确认。

11.1.2 管道穿过地下室或地下构筑物外墙时，应采取防水措施，并应符合设计要求。对有严格防水要求的建筑物，必须采用柔性防水套管。

16.1.1 通风与空调系统安装完毕投入使用前，必须进行系统的试运行与调试，包括设备单机试运转与调试、系统无生产负荷下的联合试运行与调试。

（5）《多联机空调系统工程技术规程》JGJ 174—2010。

5.4.6 严禁在管道内有压力的情况下进行焊接。

5.5.3 当多联机空调系统需要排空制冷剂进行维修时，应使用专用回收机对系统内剩余的制冷剂回收。

8.1.3 管理规定

（1）施工前应完成相关深化设计、施工方案、质量策划及技术质量交底等相关准备工作，在方案制定过程中应充分利用 BIM 技术手段。

（2）方案应明确统一质量标准、管理体系及相关责任人的岗位职责、工序顺序、细部节点做法、各专业之间的组织协调。

（3）施工方案、质量策划应明确其施工重点、难点及相关技术及管理措施。

（4）施工所用的材料、半成品及部件须严格进行进场检验、试验及验收。

（5）技术质量交底应确保交底至班组及操作工人，明确工艺措施、质量标准及相关要求。

（6）实施样板引路制度，各工序及细部在施工前须先行施工样板，样板得到确认后才能进入正式施工。

（7）施工严格按样板及方案施工，过程中相关责任人应加强质量控制与检查，确保过程质量处于完全受控状态。

（8）工序隐蔽前确保验收完成且符合要求后方可进入下一道工序施工。

（9）相关检测试验及工程技术资料的收集整理应保持与工程进度同步。

8.1.4 深化设计

（1）创建精品工程应以结构安全可靠、经济、适用、美观、节能、环保及绿色施工为原则，遵循 PDCA 的科学管理方法，应进行工程创优总体策划，做到策划先行、样板引路、过程控制、持续改进。

（2）在方案制定过程中应充分利用 BIM 技术手段，应对整体布局、细部节点做到深化设计，提前策划。

（3）深化设计的原则：布局合理、精准定位、一次成优。

（4）施工前对某一分项施工所需要的各类材料，包括原材料、半成品、周转材料、辅助材料进行计算统计，实现精细化管理。

（5）设备管线布置要考虑检修方便，且符合规范要求，避免因图纸误差造成各个环节的返工，确保一次成优。

（6）确定设备厂家后，根据设备的型号，利用 BIM 技术对制冷机房设备基础的尺寸、位置进行深化设计。

（7）根据设计要求、设备基础的大小、位置等因素，利用 CAD、BIM 技术对制冷机房整体进行有组织排水深化设计，将设备产生的水通过导流槽、排水沟有组织地排入集水坑。

8.2 地面工程施工工艺

8.2.1 环氧地板漆地面

1. 质量要求

环氧材料质量合格，面层的表面不应有开裂、空鼓、漏涂和倒泛水、积水。面层应光洁，色泽应均匀、一致，不应有起泡、起皮、泛砂等现象。

2. 工艺流程

基层打磨处理→涂刷底漆→环氧砂浆修补找平→刮环氧腻子层→涂刷面漆→涂刷罩光层。

3. 做法要点

（1）基层打磨处理时用打磨机对地坪进行全面的清理打磨，除去表面的浮浆、松动物及其他残留物，清理表面油污等对粘结不利的有机物。

（2）底漆施工时将主剂和固化剂按正确的比例混合均匀，采用滚筒或毛刷在基层地面上均匀、普遍涂施底涂材料，使环氧树脂渗透到基层混凝土中，并与之形成牢固的粘结，为下一步工序施工提供良好的界面。

（3）采用环氧砂浆对局部进行修补找平，修补前清除修补区混凝土基层表面的灰尘和油污等，对油污、空鼓、伸缩缝和不规则裂缝进行处理、切割和填补。

（4）刮环氧腻子前对表面进行清理，采用专用刮板刮涂环氧腻子，分两次进行批刮，后道环氧腻子施工应在前道腻子表干后进行。环氧腻子层完全固化后，必须立即施工面层，以确保整体效果和质量。

（5）批刮环氧面涂分两次进行，第一遍采用专用刮板批刮环氧面漆，第二遍采用辊涂环氧面涂。施工前应检查环境是否符合环氧面涂的施工条件，应采取措施防止环氧面涂施工时被粉尘等污染物污染。

（6）罩光层施工时辊涂一道耐磨清漆，可提高环氧地面的光泽度，增强漆膜的硬度，延长环氧地坪的使用寿命。

4. 实例或示意图

如图 8.2-1、图 8.2-2 所示。

8.2.2 制冷机房导流槽施工工艺

1. 质量要求

导流槽固定牢固，坡度明显，边缘清晰、顺直，纵向坡度不小于0.5%。

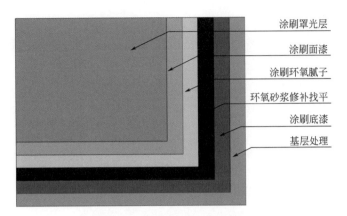

图 8.2-1 环氧地坪做法示意图

图 8.2-2 环氧地坪实例

2. 工艺流程

弹线定位→导流槽安装→粉色刷漆。

3. 做法要点

（1）设备基础应向四周找坡，坡度不小于 2%。当设置型钢梁时应设置导流管将型钢梁内部的水排入导流槽。

（2）基础导流槽可做成 $\phi50\sim\phi80$ 的 PVC 圆弧形导流槽或不锈钢梯形导流槽。

（3）导流槽应在距离设备基础根部 $100\sim150$mm 位置，沿设备基础四周设置。地面混凝土浇筑时应由基础根部向导流槽方向找坡，坡度不小于 1%。

（4）PVC 导流槽应根据坡度埋设，用砂浆粘结，边缘整齐，排水通畅。

（5）不锈钢导流槽宜设置成梯形断面，上口宽度宜为 80mm，下口宽度宜为 40mm，导流槽深度应根据排水坡度要求加工，宜控制在 $50\sim70$mm 之间。不锈钢导流槽用胶粘剂粘结固定，相邻基础间可共用。

（6）成排设备基础周边导流槽中心距设备基础距离、形式、坡度应一致，转角处呈 45°拼接。导流槽与地面应交接平整、严密。

4. 实例或示意图

如图 8.2-3～图 8.2-8 所示。

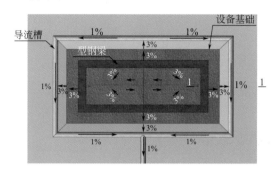

图 8.2-3 有型钢梁的基础排水示意图

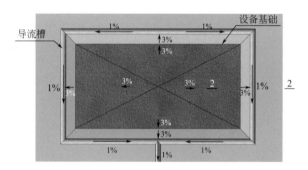

图 8.2-4 无型钢梁的基础排水示意图

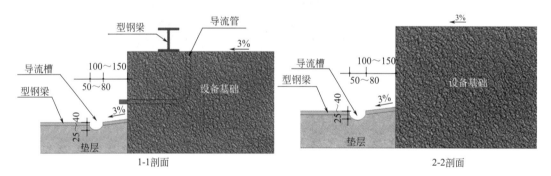

图 8.2-5 PVC 导流槽剖面示意图

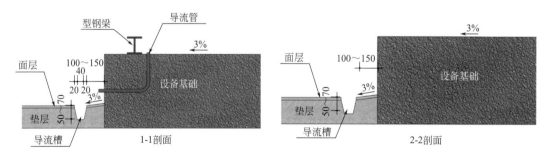

图 8.2-6 不锈钢导流槽剖面示意图

图 8.2-7　PVC 导流槽平面实例图

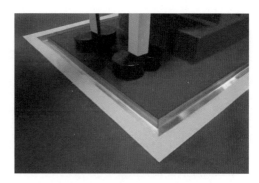

图 8.2-8　不锈钢导流槽平面实例图

8.2.3　排水沟

1. 质量要求

排水沟内表面平整、光洁、棱角方正，线角顺直清晰。箅子与地面平齐，接缝严密、无晃动、变形，平整度偏差不大于 2mm。

2. 工艺流程

基层处理→角钢埋设→地面混凝土浇筑→地面装饰面层施工→箅子铺设。

3. 做法要点

（1）排水沟底部及侧面可粉刷水泥砂浆或粘贴饰面砖。

（2）排水沟上口应拉通线埋设钢板，角钢与预埋钢板采用焊接连接，确保角钢固定方正、上口平顺，与两侧地面交接平整，拼接严密。

（3）地面混凝土浇筑时，应对角钢进行加固，防止角钢发生位移或变形，角钢与地面、饰面砖与地面交界处应平整清晰。

（4）角钢外侧可粘贴饰面砖或涂刷涂料色带，宽度宜为 50～80mm。

（5）排水沟箅子可选用不锈钢、塑料、铸铁、玻璃钢或石材等材料，箅子厚度与角钢协调，长度应按地沟长度预排加工，无小于 1/3 的拼块。采用石材箅子时，排水孔宜为直径 25～30mm 的圆孔或条形孔。

4. 实例或示意图

如图 8.2-9、图 8.2-10 所示。

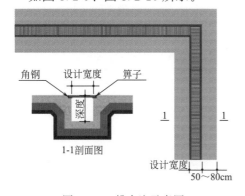

图 8.2-9　排水沟示意图

图 8.2-10　排水沟实例图

8.3 墙面工程施工工艺

8.3.1 墙面噪声控制

1. 质量要求

装饰面层表面平整光滑、色泽一致，洁净，无裂缝，接缝均匀顺直。

2. 做法要点

（1）清理结构墙面并抹灰，抹灰层立面垂直度允许偏差不超过 3mm，平整度允许偏差不超过 3mm。

（2）吸声结构施工前，应先检查管线穿越围护墙体处的缝隙是否封堵好。管线穿墙缝隙封堵好之后方可进行吸声结构的施工。

（3）利用 BIM 技术对墙面面板进行排板，排板时由墙面的一端开始，顺序安装到另一端，最后不足整板时，须按尺寸裁切板材补板，补板一般宜安装在光线较暗的部位。

（4）粘贴面板前，先在龙骨两端钉上两个钉子，然后根据面板厚度，拉出横竖定位线，以保证墙面整体的线条流畅性及平整度。

（5）粘贴面板宜留 3～5mm 缝，表面平整度允许偏差不超过 3mm，接缝高低差不超过 1mm。

3. 实例或示意图

如图 8.3-1～图 8.3-3 所示。

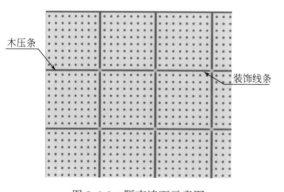

图 8.3-1　隔声墙面示意图

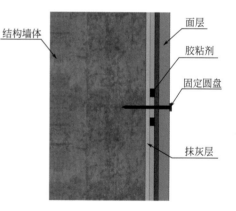

图 8.3-2　隔声墙面示意图

图 8.3-3　隔声墙面实例图

8.3.2　不锈钢踢脚施工工艺

1. 质量要求

踢脚上口平直，底部与地面交接顺直、清晰。

2. 工艺流程

弹线定位→踢脚安装→地面防水腻子刮涂→自粘胶带施工。

3. 做法要点

（1）在地面上弹踢脚及自粘胶带圈边控制线，踢脚外出墙面 10mm，高 100mm；自粘胶带圈边平面宽度 150mm。

（2）用气动打钉枪直接将经过防火、防腐处理的防水基层板钉在踢脚部位，再将不锈钢踢脚线粘贴于防水基层板上，踢脚线下口高于地面 3mm，分段密拼，转角处 45°对拼。

（3）施工前沿自粘胶带圈边线在踢脚线及整体地面粘贴美纹胶带保护；在自粘胶带圈边线处分层（2～3 遍）涂刮 2mm 厚防水腻子。

（4）清理美纹胶带，敷设立面 100mm、平面 150mm（总宽 250mm）黄色自粘胶带。

4. 实例或示意图

如图 8.3-4 所示。

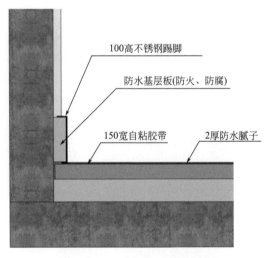

图 8.3-4　不锈钢踢脚示意图

8.4　顶棚工程施工工艺

1. 质量要求

喷涂层表面纹理自然均匀、无疏松、开裂；无明显色差和漏色；喷涂层形状与基底形状基本相同。

2. 工艺流程

基层处理→底涂层→纤维喷涂层→表面整形→面涂层。

3. 做法要点

（1）用压缩空气或清水清理喷涂基面的灰尘和污垢，检查吊挂件及预埋件是否牢靠，并将松动部件紧固，基面已经损坏或有严重裂缝的，需由专业单位鉴定并进行修补。

（2）基层表面清洁后，即可使用已配好的喷涂胶粘剂对基面预喷，胶量适当、均匀，不流淌。

（3）分区安放厚度标尺或标块（间距应小于2m），然后喷涂。喷涂时应尽量垂直于基层表面，并保持50cm的距离。喷涂后的纤维层应保持良好的通风、干燥，固化72h后方可进行修整、装饰等其他工序。

（4）待喷涂产品表面干燥约半小时后，根据保温或吸声工程的不同要求，使用毛辊、压板或铝合金靠尺等不同整形工具进行表面整形，确保厚度均匀，平面流畅。

（5）在整形后的产品表面再次喷涂胶粘剂，以增强表面强度。如设计要求表面着色，可在涂层完工后，在表面喷涂色浆着色。

8.5 制冷机组安装

1. 质量要求

（1）制冷设备、制冷附属设备的型号、规格等必须符合设计要求，并具有出厂合格证、检验记录或质量证明书。

（2）设备的混凝土基础必须进行质量交接验收，合格后方可安装。

（3）设备安装的位置、标高和管口方向必须符合设计要求。用地脚螺栓固定的制冷设备或制冷附属设备，其垫铁放置位置要正确，接触紧密，螺栓必须拧紧，并应设有防松装置。

（4）直接膨胀表面式冷却器的表面应保持清洁、完整，并应保证空气与制冷剂是逆向流动；表面式冷却器四周的缝隙应封堵严密，冷凝水管排水应畅通。

（5）制冷设备的严密性试验和试运行的技术数据，均应符合设备技术文件的规定。对组装式的制冷机组和现场充注制冷剂的机组，必须进行吹污、气密性试验、真空试验和充注制冷剂检漏试验，其相应的技术数据必须符合产品技术文件和国家现行标准、规范的规定。

2. 工艺流程

开箱检查→基础验收→测量放线→设备清洗→设备就位→找平、找正→设备固定。

3. 做法要点

1）开箱检查

（1）设备安装前应进行开箱检查，开箱检查人员应由建设、监理、施工单位代表组成。

（2）基层表面清洁后，即可使用已配好的喷涂胶粘剂对基面预喷胶，胶量适当、均匀，不流淌。

（3）分区安放厚度标尺或标块（间距应小于2m），然后喷涂。喷涂时应尽量垂直于基层表面，并保持50cm的距离。喷涂后的纤维层应保持良好的通风、干燥，固化72h后方可进行修整、装饰等其他工序。

2）基础验收、放线

（1）核对基础和有关施工记录，应符合相应的技术标准与施工验收规范的要求。

（2）混凝土基础应表面平整，位置、尺寸、标高、预留孔洞、预埋件等均符合设计要求，预埋底板应平整，无空鼓现象。

（3）根据设备底座螺栓孔间距，核实地脚螺栓孔间距是否符合要求。

3）测量放线

根据设备螺孔和安装条件在基础上放线。

4）设备清洗

（1）清洗范围

① 油封式、活塞式制冷机如在技术文件规定期限内，经检查外观完整，无损伤和锈蚀现象，只需将缸盖、活塞、气缸内壁、吸排气阀、曲轴箱等拆卸并清洗干净，所有紧固件应牢固，油路均应畅通，并更换曲轴箱内的润滑油。如超过技术文件规定期限，或机体有损伤和锈蚀等现象，则必须全面检查，并按设备技术文件的规定拆洗装配，调整各部位间隙，并做好记录。

② 充放保护气体的机组在设备技术文件规定期限内，外观完整和氮封压力无变化的情况下，不作内部清洗，仅作外表擦洗，如需清洗，操作时严禁将水分混入内部。

③ 制冷机组中的浮球阀和过滤器均应检查和清洗。

（2）机组清洗需拆卸零部件时，应测量被拆卸件的装配间隙及有关零部件的相对位置，并作标记和记录。

（3）机件清洗后，暂时不装配的机件应擦干净，涂上一层润滑油脂后，小机件用油纸包裹，较大机件不易包装时，可在加工面上覆盖油纸，妥善存放。

5）设备就位

（1）机组吊装前应核对设备重量，吊运捆扎应稳固，主要受力点应高于设备重心。吊装具有公共底座的机组，其受力点不得使机组底座产生扭曲和变形。

（2）按照安装地点的条件，利用机房起重设备、各式起重桅杆等将机组吊起，卸下底排，吊移到设备基础上，找正中心，穿上地脚螺栓。

6）找平、找正

（1）机组找平可用方形水平仪等仪器在选定的精加工平面上测量纵横方位水平度。此平面也可用来测量机组标高。各类机型找平用基准面及水平度偏差要求如下：

① 整体安装的活塞式制冷机组，测量部位应在主轴外露部分或其他基准面上。其机身纵横水平度允许偏差为0.2‰。

② 离心式制冷机组应在压缩机的机加工平面上找平，其纵、横向水平度允许偏差均为0.1‰。

③ 溴化锂吸收式制冷机组纵、横向水平度允许偏差均为0.5‰。双筒吸收式制冷机应分别找正上、下筒的水平。

④ 螺杆式制冷机组安装应对机座进行找平，其纵、横向水平度允许偏差均为0.1‰。

⑤ 模块式冷水机组安装应对机座进行找平，其纵、横向水平度允许偏差均为1‰。

⑥ 对于有公共底座的冷水机组，应按主机结构选择适当位置作基准面进行找平。

（2）对机组找正可拉钢丝，用钢板尺测量其直线度、平行度、同轴度。

（3）机组找平、找正如有偏差，可采用调整垫铁组的方法进行。找平、找正完成后，对钢制垫铁组应在垫铁两侧点焊牢。对无垫铁安装设备可采用油压千斤顶进行调整。

7）设备固定

（1）机组找平、找正后，对称拧紧地脚螺栓，拧紧地脚螺栓后的安装精度，应在允许偏差之内。

（2）设备找正后，应及时进行二次灌浆。灌浆用的混凝土强度应高一级，并应捣固密实。混凝土达到规定强度后再次找平。

（3）开、停机时易产生较大振动的离心式、活塞式等冷水机组，固定应牢固，底座与设备主体间应设隔振器，或采用隔振支座。

4. 实例或示意图

如图 8.5-1～图 8.5-3 所示。

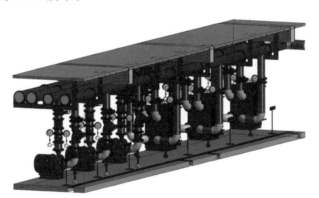

图 8.5-1　制冷机组实例图

图 8.5-2　制冷机组实例图　　　　　图 8.5-3　制冷机组实例图

8.6　冷却冷冻泵安装

8.6.1　质量要求

（1）水泵的规格、型号、技术参数应符合设计要求和产品性能指标，水泵正常连续试运行时间不应少于 2h。

（2）水泵的平面位置和标高允许偏差为±10mm，安装的地脚螺栓应垂直、拧紧，且与设备底座接触紧密。

（3）垫铁组放置位置正确、平稳，接触紧密，每组不超过 3 块。

（4）整体安装的泵，纵向水平偏差不应大于 0.1‰，横向水平偏差不应大于 0.2‰；解体安装的泵纵、横向安装水平偏差均不应大于 0.05‰。

（5）水泵与电机采用联轴器连接时，联轴器两轴芯的允许偏差：轴向倾斜偏差不应大于 0.2‰，径向位移偏差不应大于 0.05mm。

（6）小型整体安装的管道水泵不应有明显偏斜。

（7）隔振器与水泵基础连接牢固、平稳，接触紧密。

8.6.2　工艺流程

开箱检查→基础验收→测量放线→设备就位、固定→检测与调整→润滑与加油→试运转。

8.6.3　做法要点

1）开箱检查

（1）设备安装前应进行开箱检查，开箱检查人员应由建设、监理、施工单位代表组成。

（2）开箱检查设备型号、规格符合设计图纸要求。

2）基础验收

（1）核对基础和有关施工记录，应符合相应基础的技术标准与施工验收规范的要求。

（2）混凝土基础应表面平整，位置、尺寸、标高等均符合设计要求。

（3）基础的表面平整度偏差不得大于 2mm/m。

3）测量放线

根据设备及隔振器尺寸在基础上放线。

4）设备就位、固定

（1）在隔振器下方加设相应厚度的钢板，土建在基础抹灰时，要保证隔振器底面与基础面相平。

（2）对隔振要求较高的场合，水泵可设置整体式隔振台板，隔振台板与基础间设置隔振器。

（3）水泵底座或隔振台板安装后应设置限位装置，防止水泵水平位移。

（4）设备标牌醒目，标识清晰。

8.6.4　实例或示意图

如图 8.6-1 所示。

(a)

(b)

图 8.6-1　冷冻水泵实例图

8.7　综合支吊架安装

8.7.1　质量要求

（1）支吊架焊接时焊缝要均匀，无虚焊、砂眼等现象。

（2）支吊架尺寸准确，各种管线之间保证留有足够的检修和安全距离。

（3）支吊架转角角度正确，确保支吊架安装的准确性。

（4）对安装好的支吊架进行承重试验，确保支吊架承重能力满足设计要求，牢固可靠。

8.7.2　工艺流程

标高测定→管线排布→支吊架定位放线→支吊架安装。

8.7.3　做法要点

1）标高测定

整个场地内的建筑物四周，统一测设 0.50mm 水平线，以保证整个场区内各项工程标高的统一性。在建筑施工中，要根据统一的 ±0.000 水平线，认真做好标高传递测量，以保证各层 0.50mm 线的正确性。

2）管线排布

（1）按施工图纸对现场核查后，进行放线、定位。同时标记出管道、槽盒、风管等吊挂物需要爬坡及转弯处的位置，留出支吊架安装的空间。

（2）多种吊挂物综合在一起时，要按照小让大、有压让无压、冷水让热水的原则。

（3）支吊架安装时，应严格按照图纸要求的安装间距、安装方式、固定支架设置进行安装。

（4）凡遇到管道拐弯、爬坡及管道阀门等重量增加的情况，需根据现场实际位置增加支吊架的数量。

3）支架定位放线

（1）根据图纸上的支架位置，进行支架放线工作，首先放样同一排支架两个端头的支架位置，然后利用这两个点进行连线，根据支架间距分别定位其他支架。

（2）确定支架具体位置后，要根据周边已经放样完成的点进行位置校核，确认无误后，准备安装事宜。

4）支架安装

（1）用膨胀螺栓固定支吊架时，膨胀螺栓必须达到规定的深度值。

（2）所有运到现场的标准长度（6m）的槽钢，必要时用切割机具进行现场切割。

（3）槽钢和全牙螺杆切割后，应修去毛刺，对切口进行补锌或环氧处理。

（4）用扭力扳手检查所有连接点螺纹部件是否完全旋合，扭力值见相关产品说明。螺纹的啮合长度最低应保证螺纹顶端露出的螺纹达1～2牙，所有螺纹连接处应锁紧。

（5）吊杆的垂直度偏差不宜大于4°，避免产生过大的水平力。

8.7.4　实例或示意图

如图8.7-1、图8.7-2所示。

图8.7-1　综合支吊架

图8.7-2　综合管线排布

8.8　空调水管道及附件安装

8.8.1　质量要求

（1）空调水系统的设备与附属设备、管子、管配件及阀门的型号、规格、材质及连接形式必须符合设计规定。

（2）管道安装必须符合下列规定：

① 埋地或位于结构内的隐蔽管道必须按《通风与空调工程施工质量验收规范》GB 50243—2016的要求。

② 管道系统安装完毕，外观检查合格后，应进行压力试验。压力试验应符合设计和以下规定：

a. 凝结水系统进行充水试验，应以不渗漏为合格。

b. 对于大型或高层建筑垂直位差较大的冷（热）媒水、冷却水管道系统宜采用分区、分层试压和系统试压相结合的方法。

c. 系统试压：在各分区管道与系统主、干管完整连接后，对整个系统管道进行试压。测压表应在系统的最低点与最高点各设一块。对高层建筑垂直位差较大的系统，应将水的静压计入试验压力中，试验压力以最高点的压力为准，但最低点的压力不得超过管道与组成件的承受力（如将设备接入，须保证不超过设备的最大试验压力）。

d. 冷（热）媒水及冷却水系统应在系统中冲洗、排污合格（以排出口的水色和透明度与入水口目测对比），循环试运行不少于2h，且水质正常后才能与制冷机组、空调设备相贯通。

③ 与设备连接的管道安装，应在设备安装完毕后进行，水泵、制冷机组、空调机组的接管必须为柔性接口。柔性短管不得强行拉伸对口连接。在管道处设置独立支架。

④ 在靠近补偿器（膨胀节）的部位必须设置固定支架，其结构形式和固定位置应符合设计要求（或经设计认可），并应在补偿器预拉伸（或预压缩）前固定；在另一侧4倍管径范围内加设导向支架。

⑤ 焊接、镀锌时钢管不得采用热煨弯。

⑥ 固定在建筑结构上的管道支吊架，不得影响结构的安全。管道穿越墙体或楼板处应设钢制套管，管道接口不得置于套管内，钢制套管应与墙体饰面或楼板底部平齐，上部应高出楼板20mm，并不得将套管作为管道支撑。

⑦ 保温管道与支架之间应加绝热衬垫或经防腐处理的木衬垫，其厚度应与绝热层厚度相同，衬垫接合面的空隙应填实。

（3）阀门及其他部件安装：

① 阀门的安装位置、进出口方向、高度必须符合设计要求，连接应牢固紧密。

② 阀门安装前必须进行外观检查，阀体的铭牌应符合《工业阀门 标志》GB/T 12220—2015的规定。对于公称压力大于1MPa以及在主干管上起到切断作用的阀门必须进行强度和严密性试验，合格后方准使用。其他阀门可不单独进行试验，以后在系统试压中检验。

③ 强度试验时，试验压力为公称压力的1.5倍，压力持续最短时间不少于5min，阀门的壳体、填料应无渗漏。

④ 严密性试验时，试验压力为公称压力的1.1倍；试验压力在试验持续的时间内应保持不变，时间应符合表8.8-1的规定，以阀瓣密封面无渗漏为合格。

阀门压力持续时间

表8.8-1

公称直径 DN（mm）	最短试验持续时间（s）	
	严密性试验	
	金属密封	非金属密封
≤50	15	15
65～200	30	15
250～450	60	30
≥500	120	60

⑤ 补偿器的补偿量和安装位置必须符合设计要求，并应以设计计算的补偿量按规定

进行预拉伸或预压缩。

⑥ 安装在保温管道上的各类手动阀门的手柄均不得向下。

检查数量：以每批（同牌号、同规格、同型号）数量中抽查20%，且不少于一个。对于安装在主干管上起切断作用的闭路阀门，应全数检查。

8.8.2 工艺流程

支吊架制作、安装→管道与附件安装→压力试验→系统冲洗。

8.8.3 做法要点

1）吊架制作、安装

（1）空调水管道的支架一般采用经防腐处理的木垫式支架隔热，木垫厚度与保温层厚度相同，木垫下边宜与钢支架用木螺钉连接固定。木支座一般采用下方上圆的形式，把钢支架与管子隔开，衬垫结合面的空隙应填实。外用抱箍固定于支架上。

（2）管道支吊架的形式、位置、间距、标高应符合设计要求，连接制冷机的吸、排气管道需设单独支架。管径小于或等于20mm的铜管，在阀门等处应设置支架，管道上下平行敷设时，冷管道应在下边。

（3）冷冻水管道按照设计要求的坡度，测量定位埋设支架，水平管道活动支架的距离不得超过表8.8-2规定的距离。

管道活动支架最大间距　　　　　　　　　　　　　　表8.8-2

公称直径 DN(mm)		15	20	25	32	40	50	70	80	100	125	150
支架间距(m)	保温管	1.5	2	2	2.5	3	3	4	4	4.5	5	6
	不保温管	2.5	3	3.5	4	4.5	5	6	6	6.5	7	8

（4）冷冻水管道固定支架的安装严格按照设计要求，并应特别注意转弯处及膨胀节两侧的支架是否牢靠。

（5）冷冻水管道安装挂线找坡度以管底线为准，避免管子变径而造成支架与管底不贴合。

（6）冷冻水管道支架安装用水平尺找平，支架栽埋深度应不小于120mm，用1：3水泥砂浆填塞。

2）管道与附件安装

（1）安装停顿期间对管道开口应采取封闭保护措施。

（2）冷冻水管道如设计坡度无要求，可按坡度不小于2‰。

（3）冷冻水管道法兰垫料一般采用橡胶板。衬垫外圆不得超过螺栓孔，不得使用满垫、双层垫和斜垫。

（4）冷冻水管道采用焊接连接时，法兰安装必须内外口两面焊。法兰宜与阀件用螺栓预组装，与管道点焊固定后再卸下进行焊接，以保证位置正确，贴合严密。

（5）法兰盘应安装在拆装方便的位置上，一般与周围障碍物净距不小于80～150mm，紧固螺栓时，应用机油将螺栓浸润，并按对角线交替紧固。螺栓外露长度一致，螺帽应放在同一侧。

（6）管道螺纹加工应采用套丝机，并用机油润滑，输送介质温度在100℃以下的管道连接丝头，可涂抹铅油或防锈漆，顺丝扣缠少许白麻。100℃以上的管道不得缠麻。上完的接头应除净外面的油麻。

（7）管道沟槽连接时，沟槽式管接头采用的平口端环形沟槽必须采用专门的压槽机加工成型。可在施工现场按配管长度进行沟槽加工。钢管最小壁厚和沟槽尺寸、管端至沟槽尺寸应符合图8.8-1、表8.8-3的规定。

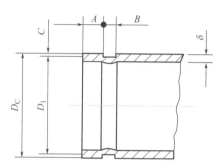

图 8.8-1　钢管沟槽尺寸图

钢管最小壁厚和沟槽尺寸（mm）　　　　　　　表 8.8-3

公称直径 DN（mm）	钢管外径 D_C	最小壁厚 δ	管端至沟槽尺寸 A	沟槽宽度 B	沟槽深度 C	沟槽外经 D_1
50	57	3.50				52.6
50	60	3.50	14.5			55.6
65	76	3.75				71.6
80	89	4.00				84.6
100	108	4.00				103.6
100	114	4.00		9.5	2.2	109.6
125	133	4.50	16			128.6
125	140	4.50				135.6
150	159	4.50				154.6
150	165	4.50				160.6
150	168	4.50				163.6
200	219	6.00			2.5	214.0
250	273	6.50	19			268.0
300	325	7.50				319.0
350	377	9.00		13		366.0
400	426	9.00			5.5	415.0
450	480	9.00	25			459.0
500	530	9.00				519.0
600	630	9.00				619.0

注：表内钢管的公称压力 PN 均不小于 2.5MPa。

（8）冷冻水管道系统应在该系统最高处，且在便于操作的部位设置放气阀。在最低处应设泄水阀,供、回水管间设连通阀。

(9)冷冻水管道与泵应采用弹性连接,在管道处设置独立支架。

(10)冷凝水的水平管应坡向排水,坡度应符合设计要求。当设计无规定时,其坡度宜大于或等于8‰。软管连接应牢固,不得有瘪管和强扭。冷凝水系统的渗漏试验可采用充水试验,从凝水盘灌入水,沿线检查,无渗漏为合格。冷凝水排放应按设计要求安装水封弯管。

(11)冷冻水管、冷凝水管应绝热保温,以防散热或结露,冷却水管根据设计要求而定。

(12)液体支管不得从管线上侧引出,气体支管不得从管线下侧引出。有两根以上的支管与干管相接,连接部位应相互错开,间距不应少于2倍支管直径,且不宜小于200mm。

(13)与制冷压缩机或其他设备相连接的管道不得强制对口。

(14)管道穿墙体或楼板处应设钢套管,钢套管应与墙面或楼板底面平齐,但应比地面高出20mm。管道与套管的空隙应用隔热或其他不燃材料堵塞,不得将套管作为管道的支撑。

(15)不同管径的管子直线焊接时,应采用同心异径管。各设备之间的连接管道,其坡度及坡向应符合设计要求,如设计无规定,氟利昂压缩机的吸气水平管应坡向压缩机,坡度为10‰;排气管坡向油分离器,坡度大于等于10‰,氨压缩机的吸气水平管应坡向蒸发器,坡度大于或等于3‰。

(16)安全阀放空管排放口应朝向安全地带。

(17)铜管安装尚应符合下列规定:

① 铜管切口表面平整,切口平面允许倾斜偏差为$1\%D$(D为铜管直径)。

② 铜弯管的椭圆率不应大于8%。

③ 铜管管口翻边应保持同心,并应有良好的密封面。

④ 铜管可采用对焊、承插式焊接及套管式焊接,其中承口的扩口深度不应小于管径,扩口方向应迎介质流向。

(18)阀门及附件安装应符合下列规定:阀门的安装位置、方向与高度符合设计要求,不得反装。安装带手柄的手动截止阀时手柄不得向下。电磁阀、调节阀、热力膨胀阀、升降式止回阀等的阀头均应向上竖直安装。热力膨胀阀的安装位置应高于感温包。感温包应安在蒸发器末端的回气管上,与管道接触良好,绑扎紧密,并用绝热材料密封包扎,其厚度宜与管道绝热层相同,自控阀门须按设计要求安装,在连接封口前应做开启动作试验。

(19)仪表安装前先要查验出厂合格证,并到计量部门用标准仪表校核后方可安装,仪表要安装在便于观察、易于维修的地方。

3)压力试验

冷冻水管道安装完毕后应进行水压试验,冷冻水系统和冷却水系统试验压力:当工作压力小于等于1MPa时,为1.5倍工作压力,最低不小于0.6MPa;当工作压力大于1MPa时,试验压力为工作压力加0.5MPa。

水压试验时,在10min内压力下降不大于0.02MPa,再将系统压力降至工作压力,且外观检查无渗漏为合格。

4）系统冲洗

冷冻水管道试压完成后，应进行冲洗，冲洗后不能有泥水通过设备（排出口的水色和透明度与入水口对比相近，无可见杂物），系统循环冲洗清洁后方能与制冷设备和空调设备相连。

8.8.4 实例或示意图

如图 8.8-2、图 8.8-3 所示。

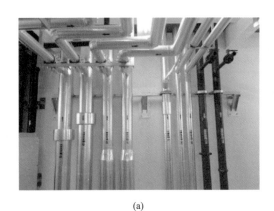 

(a) (b)

图 8.8-2 空调水实例一

图 8.8-3 空调水实例二

第9章

地下室给水泵房

9.1 概述

9.1.1 一般规定

（1）水箱、水泵机组等设备基础的平面尺寸及高度应满足设备安装需求，基础完成面平整度应满足规范中的安装平整度要求。基础内预埋件定位及安装满足设备安装需求。

（2）基础和隔膜气压罐等静置设备的基础应分开。压力容器的地脚螺栓必须按照产品说明书和设计要求设置。

（3）泵房应设排水沟，水泵基础周围设排水槽，管道支架根部用混凝土护墩保护。泵房内排水设施应综合考虑给水泵房内的管线及设备排布情况，保证排水顺畅。

（4）泵房地坪向排水沟方向找坡，找坡坡度满足排水需求；给水泵房内地面应设防水层。

（5）给水泵房至少应设置一个可以搬运最大设备的门。

（6）压力表安装在便于观察和吹洗的位置，压力表表弯上方、下方应分别设置三通旋塞阀和截止阀。

（7）焊接管道避免在焊缝上开孔，两条焊缝间距应大于 100mm。不锈钢管道和结构焊接后，焊缝及其热影响区必须酸洗钝化处理。

（8）管道柔性接头的法兰必须标准一致，螺栓头尽可能设置在软接头一侧，螺杆长度以紧固后螺杆露出 2~3 牙螺纹为宜。

（9）卡箍连接的管道立管必须考虑设置支架。

（10）不锈钢水箱和基础槽钢间，不锈钢管道与支吊架、管卡间必须用非金属垫片有效隔离。

（11）水箱出口处必须安装饮用水处理装置（消毒设备），溢流管、排气管安装不锈钢防尘网。水箱溢流管和泄水管应设置在排水地点附近，但不得与排水管直接连接；水箱给水进水口应高于溢流口 2.5 倍进水管管径，溢流口管口距排水水面不小于 100mm。

（12）水箱与供水管网连接处设有倒流防止器（除污隔断阀）和过滤器。

（13）水箱观察孔有倒扣盖并加锁；顶部透气管罩不得少于两个；人孔上方不得有污水管道。

（14）电缆用钢导管保护从线槽中引出，用柔性导管保护与设备连接。动力电缆的柔性导管长度不得超过0.8m。

（15）设备和所有的金属结构必须与接地干线可靠连接。

（16）现场控制箱（柜）进出线采用下进下出。

9.1.2 规范要求

（1）泵房主要人行通道宽度不宜小于1.2m，电气控制柜前通道宽度不宜小于1.5m。给水泵房内电控系统宜与水泵机组、水箱、管道等输水设备隔离设置，并应采取防水、防潮和消防措施。

（2）水泵基础的平面尺寸，无隔振安装时应较水泵机组底座四周各宽出100～150mm；有隔振安装时应较水泵隔振台座四周各宽出150mm。

（3）水泵基础高出地面的高度应便于水泵安装，不应小于0.1m；泵房内管道管外底距地面或管沟底面的距离，当管径小于等于150mm时，不应小于0.20m；当管径大于等于200mm时，不应小于0.25m。

（4）水泵房内水箱与墙面间距不宜小于0.7m；安装有管道的侧面，净距不宜小于1.0m；水箱与水泵房内局部凸出部分间距不宜小于0.5m；水箱顶部与楼板间距不宜小于0.8m；水箱底部应架空，距地面不宜小于0.5m，并具有排水条件。

（5）地下室泵房净高，除考虑通风、采光等条件外，应满足吊运时设备底部与地面地坪净距不小于0.3m。

（6）给水泵房应设置排水设施，泵房内地面应有不小于1%的坡度坡向排水设施。集水坑不应设置在生活水泵房内，且不应与生活污水、污水处理站等共用集水坑。生活给水泵房内的地面及基础应贴地砖，墙面和顶面应采用涂刷无毒防水涂料等措施。

（7）建筑物内的生活饮用水水池（箱）应采用独立结构形式，不得利用建筑物的本体结构作为水池（箱）的壁板、底板及顶盖，与其他用水水池（箱）并列设置时，应有各自独立的隔墙。

（8）水泵间与电动机间的层高差超过水泵技术性能中规定的轴长时，应设中间轴承和轴承支架，水泵油箱和填料函处应设操作平台等设施。操作平台工作宽度不应小于0.6m，并应设置栏杆。平台的设置应满足管理人员通行和不妨碍水泵装拆。

（9）给水泵房内宜设置集中检修场地，其面积应根据水泵或电动机外形尺寸确定，并应在周围留有宽度不小于0.7m的通道。地下室泵房宜利用空间设集中供暖检修场地。

（10）附设在建筑物内的给水泵房，应采用耐火极限不低于2.0h的隔墙和耐火极限不低于1.5h的楼板与其他部位隔开，其疏散门应直通安全出口，且开向疏散走道的门应采用甲级防火门。防火门接入门禁系统，并派专人进行管理。

（11）管道支吊架和管道穿墙、穿楼板处应采取防止固体传声措施；泵房的墙壁、顶棚应根据设计要求采取隔声、吸声处理。

（12）每台水泵的出水管上，应装设压力表、止回阀和阀门（符合多功能阀安装条件的出水管，可用多功能阀取代止回阀和阀门），必要时应设置水锤消除装置。自灌式吸水的水泵吸水管上应装设阀门，并宜装设管道过滤器。

（13）各种承压管道系统和设备应做水压试验，非承压管道系统和设备应做灌水试验。

（14）给水管道必须采用与管材相适应的管件。生活给水系统所涉及的材料必须到达饮用水卫生标准。

（15）生活给水系统管道在交付使用前必须冲洗和消毒，并经有关部门取样检验，符合现行国家标准《生活饮用水卫生标准》GB 5749 方可使用。

（16）室内给水系统安装要求：

① 室内给水管道的水压试验必须符合设计要求。当设计未注明时，各种材质的给水管道系统试验压力均为工作压力的 1.5 倍，但不得小于 0.6MPa。

② 给水系统交付使用前必须进行通水试验并做好记录。检验方法：观察和开启阀门、水嘴等放水。

③ 敞口水箱的满水试验和密闭水箱（罐）的水压试验必须符合设计与规范的规定。

（17）给水管道在竣工后，必须对管道进行冲洗，饮用水管道在冲洗后还要进行消毒，满足饮用水卫生要求。

9.1.3 管理规定

（1）施工前应完成相关深化设计、施工方案、创优策划及技术质量交底等相关准备工作。技术质量交底应确保交底至班组及操作工人，明确工艺措施、细部做法、质量标准及相关要求。

（2）安装前土建施工必须满足的条件：安装区域土建的主体施工已完成，安装区域有足够的加工制作空间；柱子和楼板需装修的必须装修完成，设备的混凝土基础强度达到设计要求。

（3）按照创优策划的结果明确责任人，统一土建、装饰装修、安装各专业的组织协调。

（4）电焊工、电工必须持证上岗。电焊工现场焊接考试合格后才能正式焊接。

（5）施工所用的材料、半成品及部品部件须严格进行进场检验、试验及验收。

（6）实施样板引路制度，各工序及细部在施工前须先行施工样板，样板得到确认后才能进入正式施工。

（7）施工过程中相关责任人应加强质量控制与检查，确保过程质量处于完全受控状态。

（8）工序隐蔽前确保完成检查且符合要求后方可进入下一道工序施工。

（9）相关检测试验及工程技术资料的收集整理应保持与工程进度同步。

9.1.4 深化设计

（1）深化设计的原则：精确备料，精准定位，一次成优。

（2）设备安装工程创建精品应以保证设备功能、结构安全可靠、经济、适用、美观、节能、环保及绿色施工为原则，在施工前进行工程创优总体策划，做到策划先行，样板引路，过程控制，持续改进。

（3）根据设备要求，充分利用 BIM 技术对水泵房的泵、水箱、隔膜气压罐、现场控制电气箱（柜）等设备的基础，基础周围排水槽、泵房排水沟、接地扁钢、支架根部混凝土保护墩，设备附件及连接管道、支吊架、动力电缆线槽、控制电缆槽、刚性导管及其支吊架，操作维护检修通道，土建对墙面的装修等进行整体布局，对综合支吊架、设备基础型钢、关键节点进行深化设计和优化。

9.2 墙体施工

9.2.1 适用范围

适用于民用建筑地下室水泵房墙体施工。

9.2.2 质量要求

给水泵房房间开间、进深尺寸满足设计要求，墙面垂直度、平整度满足规范要求，墙体无渗漏、开裂现象，防火封堵处理到位。

9.2.3 工艺流程

（1）砌筑墙体部分：基层清理→放线→混凝土板面凿毛→支设模板并浇筑素混凝土翻边→墙体砌筑施工（管道安装洞口预留）→管道安装→抹灰→装饰装修面层施工。

（2）混凝土剪力墙部分：基础处理→抹灰→装饰装修面层施工。

9.2.4 做法要点

（1）提前做好管道深化设计，墙体施工过程中做好管道洞口预留，预留洞考虑50mm 的安装空间。施工过程中提前深化考虑穿墙管道位置，墙体砌筑时设置预制混凝土管道穿墙洞。机电管道安装完毕后，管道与结构构件间隙大于 50mm 的采用防火岩棉或砖砌封堵。

（2）提前规划设备安装进入机房的动线，大型设备提前预留运输及安装通道，待设备就位后再进行封堵。

（3）给水泵房门开启方向相反一侧设置 100mm 宽、300mm 高的素混凝土门槛，混凝土强度等级不小于 C20。

（4）给水泵房门位置设置 60cm 高不锈钢挡鼠板，贴反光警示标识。挡鼠板应固定牢固、拆卸方便。

9.2.5 实例或示意图

如图 9.2-1～图 9.2-6 所示。

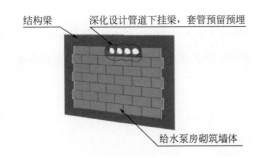

图 9.2-1　管道穿墙深化设计

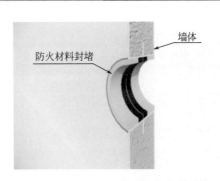

图 9.2-2　水平方向管道封堵

图 9.2-3　管道穿墙胶圈封堵

图 9.2-4　内桥架穿墙防火封堵

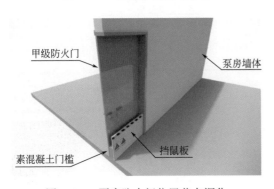

图 9.2-5　泵房防火门位置节点深化

图 9.2-6　泵房挡鼠板

9.3　设备基础施工

9.3.1　适用范围

适用于民用建筑地下室水泵房设备基础施工。

9.3.2　质量要求

基础表面平整、坡向正确，基础定位、标高、尺寸、预留孔洞、混凝土强度达到设计强度要求。基础周围设置排水槽，排水槽坡向正确，排水槽的过水面积应与泄水管放水流量相适应。接地扁钢预埋位置正确、焊接规范。

9.3.3 工艺流程

放线→施工准备→模板安装、预留预埋→基础混凝土浇筑→混凝土养护→模板拆除。

9.3.4 做法要点

（1）水泵基础：基础位置定位准确，尺寸大小、顶面标高符合设计要求。
（2）水箱基础：基础尺寸大小、顶面标高应符合设计要求。
（3）设备基础周边设置排水槽，排水槽与泵房内排水沟相连，形成有组织排水。

9.3.5 实例或示意图

如图 9.3-1～图 9.3-6 所示。

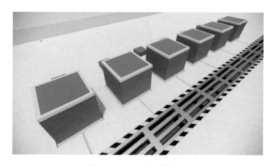

图 9.3-1 水泵基础

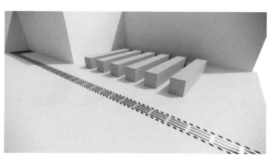

图 9.3-2 水箱基础

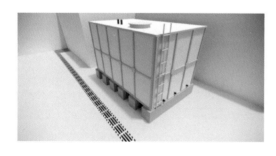

图 9.3-3 成品水箱安装

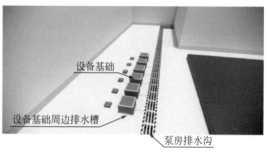

图 9.3-4 给水泵房平面布置图

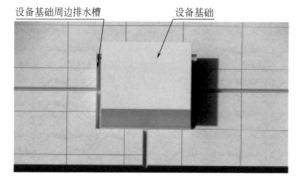

图 9.3-5 基础周边排水槽

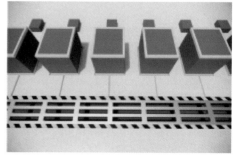

图 9.3-6 排水槽通向排水沟

9.4 排水沟施工

9.4.1 适用范围

适用于民用建筑地下室水泵房排水沟施工。

9.4.2 质量要求

（1）排水沟：排水沟深度满足设计要求，排水坡度不小于 0.5%，排水沟施工顺直，盖板顶标高与地面相平。

（2）集水井：集水井平面尺寸、深度满足设计要求，集水井盖板强度、刚度满足需求。

9.4.3 工艺流程

深化设计排水沟/集水井位置→放线→施工排水沟/集水井结构（埋设角钢或槽钢）→降板区域管道敷设→降板区回填→室内地坪施工→排水沟面层施工→安装盖板。

9.4.4 做法要点

（1）泵房排水沟两侧宜采用 300mm 宽素混凝土施工，排水沟上部设置∟40mm×40mm 角钢企口，排水沟上方设置不锈钢盖板。排水沟内侧按设计坡度找坡。排水沟两侧贴警示带。

（2）降板区回填宜采用低强度等级的素混凝土。

9.4.5 实例或示意图

如图 9.4-1、图 9.4-2 所示。

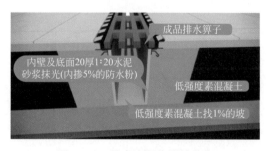

图 9.4-1 排水沟深化设计节点

图 9.4-2 给水泵房排水沟

9.5 墙面、顶棚及地面施工

9.5.1 适用范围

适用于民用建筑地下室水泵房墙面、顶棚及地面施工。

9.5.2 质量要求

无渗漏，墙面平整、光滑、洁净，无裂缝、空鼓等缺陷，阴阳角顺直，管道后面处理到位，墙面无废弃支架、膨胀螺栓、接线盒等杂物，地面向排水沟、排水槽找坡。

9.5.3 做法要点

（1）地面排水沟深度、坡度、宽度满足设计要求。

（2）瓷砖面层与地面砖缝对齐，铺贴坚实，无色差，高度一致，面宽均匀。

（3）地坪做法宜增加一道防水涂料，四周上翻高于面层高度 300mm。

（4）顶棚无渗漏，顶棚平整、光滑、洁净，无裂缝，阴阳角顺直。顶棚宜采用防霉、防水、防污一体化腻子。

（5）墙面宜粘贴釉面砖或采用防霉、防水、防污一体化腻子。墙面光洁，平整度满足规范要求。

9.5.4 实例或示意图

如图 9.5-1 所示。

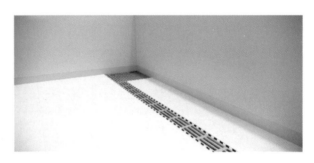

图 9.5-1　给水泵房地面、墙面

9.6　水泵及连接管配件安装

9.6.1 适用范围

适用于民用建筑地下室水泵房水泵及连接管配件安装施工。

9.6.2 质量要求

（1）水泵房内给水设备等应布局合理，安装牢固，运行可靠安全；管线和槽盒空间走向合理、排列有序、层次分明，方便操作和检修；设备排列整齐，成行成线，同型号设备及附属部件的位置、高度一致。

（2）水泵试运转的轴承温升必须符合规定。

（3）管道安装横平竖直，坡度和坡向正确，成排安装的多台相同规格的变径管、法兰应排列整齐，法兰型号应一致，螺栓朝向应一致。安装允许偏差符合规范要求，管道系统综合水压试验符合设计及规范要求。

（4）气压给水或气压罐稳压等压力容器地脚螺栓必须符合制造厂出厂规定，应设置安全阀、爆破片等安全附件，安全阀必须垂直安装，且安装位置应便于检修；安全阀的泄压口应引至排水沟或集水井等安全地点。

（5）支架设置合理，安装牢靠，便于拆卸，除锈彻底，刷漆均匀、光亮，无色差。落地支架根部混凝土保护墩制作精美，墙面安装的支架和装饰面界面清晰。

（6）设备、基础、管道、支吊架饰面颜色搭配合理、标识清晰，管道颜色符合图纸或规范规定。

9.6.3　工艺流程

水泵基础验收、水泵开箱检查→水泵安装就位、找正，气压给水的气压罐或稳压罐就位、找正→安装连接管及配件→支吊架制作、安装→接地、标识、地脚螺栓防锈处理。

9.6.4　做法要点

（1）基础验收：基础表面平整，有坡向四周的坡度，基础坐标、标高、尺寸、预留孔洞、混凝土强度达到设计强度要求。基础周围排水槽坡度正确，排水沟槽的过水面积应与泄水管放水流量相适应。接地扁钢预埋位置正确。

（2）设备开箱检查：水泵规格型号必须符合设计要求，设备完好，备品备件满足要求。

（3）水泵运输到指定位置后，进行设备吊运安装，准确就位于已经做好的设备惯性台座上，然后穿上地脚螺栓并带螺帽（外露两丝），垫铁找平，地脚螺栓孔内灌注混凝土。水泵安装允许偏差：中心线位置为±5mm；标高为±5mm。用水准仪和线坠对水泵进出口法兰和底座加工面进行测量与调整。以更换法整体安装的水泵，卧式泵体水平度偏差不应大于 0.1‰，立式泵体垂直度偏差不应大于 0.1‰。

（4）水泵与电机采用联轴器连接时，用百分表、塞尺等在联轴器的轴向和径向进行测量和调整，联轴器轴向倾斜度偏差不应大于 0.8‰，径向位移偏差不应大于 0.1mm。混凝土凝固期满进行精平并拧紧地脚螺栓帽，每组垫铁以点焊固定，基础表面打毛，水冲洗后以水泥砂浆抹平。隔振垫或隔振弹簧安装位置正确，隔振装置齐全有效，有防松动措施。地脚螺栓安装垂直，与螺母、垫圈和设备底座间接触良好。当有发生水平位移的可能时，应在设备基座四周设置限位约束措施，不得隐蔽。

（5）水泵在安装时，应注意各水泵的轴线位置，同一排水泵，应使每一台水泵的中心轴线相互平行，并且应使水泵的出水口或进水口的中心轴线在一条直线上。气压给水的气压罐或稳压罐等压力容器应安装在独立基础上，地脚螺栓规格和形式必须符合制造厂的出厂规定。安全设施齐全，管口方位正确。

（6）水泵进出口的管道、阀件、支架应成排成线，中心对齐布置。水泵吸水口安装上平偏心大小头，出水口安装同心大小头。水泵与管道之间作隔振处理，橡胶软接头安装时不得承重和产生扭矩；与水泵连接的软接头螺栓的螺帽应朝外，避免拧紧螺栓时损伤软接头水泵进水口。压力表与缓冲表弯之间应安装可排气、冲洗的专用三通旋塞阀；三通旋塞阀的排气孔应避开操作人员的正面方向。配管法兰应与水泵、阀门的法兰相符，法兰连接时衬垫不得凸入管内，其外边缘接近螺栓孔为宜，不得安放双垫或偏垫。紧固法兰盘螺栓时要对称拧紧，确保法兰连接对接平行、紧密且与管中心线垂直，螺杆露出螺母长度不应大于螺杆直径的1/2。

（7）阀门安装手轮朝向应便于操作，过滤器、止回阀安装方向应正确，过滤器水平安装时安装高度应符合检修要求。阀门的安装位置应符合设计要求，不应妨碍设备、管道及阀体本身的操作、拆装和检修。按要求连接管道和防腐。穿墙管道和套管间隙封堵后，用和管道颜色或墙面颜色相同的护圈进行装饰。

（8）在水泵附近的管道上安装支架，使泵壳上不承受任何附着重量。水泵出水管上转出弯头必须设置托架。托架与弯头连接处用同等管径的圆弧管焊接在托架钢管上，中间垫8～10mm厚的橡胶垫片进行支撑。如弯头与支撑圆弧管焊接，托架管中间应加设法兰。管道支架和地面、墙面的连接板宜采用4～6mm厚的钢板，架体采用型钢对称45°切角弯折满焊；除锈后刷两遍防锈漆，然后刷两遍面漆；用膨胀螺栓固定。支架地面连接板用混凝土做护墩。支吊架面漆颜色应和管道、设备颜色相协调。

（9）水泵电机进线管应设置滴水弯，两端连接处使用专用锁扣连接。水泵外壳需单独用不小于4mm²的黄绿双色线与接地母线连接。所有金属构件必须和接地扁钢连接。按照标识策划方案标识设备、管道和阀门。设备地脚螺栓及螺母外加PVC短管或PVC保护帽，螺栓及螺母表面涂黄油保护。

9.6.5 实例或示意图

如图9.6-1～图9.6-8所示。

图9.6-1　立式水泵管道连接安装实例

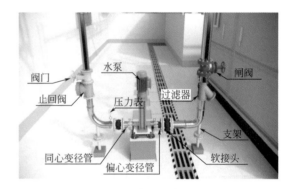

图9.6-2　安装立式水泵管道连接示意图

图9.6-3　立式水泵橡胶隔振器安装

图9.6-4　立式水泵橡胶隔振器安装示意图

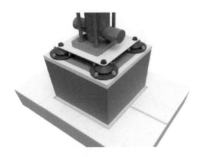
图 9.6-5 基础周围排水槽及隔振安装

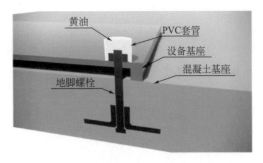
图 9.6-6 地脚螺栓套 PVC 保护管大样图

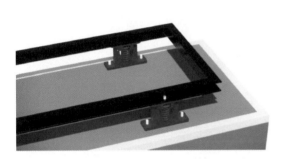
图 9.6-7 PVC 管保护

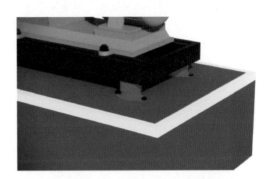
图 9.6-8 弹簧隔振器橡胶隔振垫

9.7 水箱及连接管配件安装

9.7.1 适用范围

适用于民用建筑地下室水泵房水箱及连接管配件安装施工。

9.7.2 质量要求

水箱基础强度达标,水箱安装牢固可靠,无歪斜。与型钢接触面有防电化学防腐措施。与水箱连接管道安装规范合理。

9.7.3 工艺流程

水箱基础验收、开箱验收→基础槽钢安装→现场组装或成品吊装就位→安装连接管及配件→支架制作、安装→标识。

9.7.4 做法要点

(1)基础验收:根据图纸验收基础,基础表面应平整,各条形基础面应在同一平面上,误差±50mm。基础大小与水箱协调,高度不宜小于500mm,以便于管道、附件的安装和检修。水箱无管道的侧面,净距不宜小于0.7m;有管道的侧面,净距不宜小于

1.0m，且管道外壁与建筑本体墙面之间的通道宽度不宜小于0.6m；设有人孔的箱（池）顶，顶板面与上面建筑本体板底的净空不应小于0.8m。

（2）开箱验收：核实设备的产地、品种、规格、外观、数量、附件、标识和质量证明资料、相关技术文件等。

（3）基础槽钢安装：将已经做好防腐处理的基础槽钢就位，找平。

（4）水箱安装：在已经找平的基础槽钢上铺设3~6mm厚的橡胶石棉垫，将水箱吊装就位，不可把水箱直接焊接在碳钢底座上。

（5）连接管及配件安装：水箱进水管的最低点应高于水箱溢流口，间距为进水管直径，但最小不应小于25mm，最大不应大于150mm，满足不了要求时，进水管段上安装倒流防止器。溢流口不应小于进水管管径的2倍。安装水箱内件时，水箱的进水口应高于溢流口25~150mm，水箱的进水口应与水箱顶部有50~100mm的净距离。水箱的泄水口和溢流口设置在排水沟附近，在排水管与泄水口和溢流口的连接处用喇叭口进行过渡。溢流口设置蚊虫防护网，水箱的泄水口应与水箱底部平齐，水箱的出水口应与水箱底部有100~200mm的净距离。水箱的检修口设置在便于攀爬的地方，最好设置在进水管附近，检修楼梯距地面高度超过1.5m部分应有保护装置。无排水沟的地方应增设管道引流至排水处，进行有组织排水。水箱吸水管管口设置向下的喇叭口，喇叭口低于水池最低水位，不宜小于0.5m。室内水箱设置液位计，液位计内设红色浮标，旁边画液位标尺。管道采用不锈钢管道焊接时，焊缝及热影响区必须酸洗钝化处理。

（6）支架制作、安装：卡箍连接的溢流管立管必须安装落地支架。管道支架和地面、墙面的连接板宜采用厚4~6mm的钢板，架体采用角钢对称45°切角弯折成90°满焊；除锈后刷两遍防锈漆，然后刷两遍面漆；用膨胀螺栓固定。支架地面连接板用混凝土做护墩。对管道介质名称、流向进行标识。

9.7.5 实例或示意图

如图9.7-1所示。

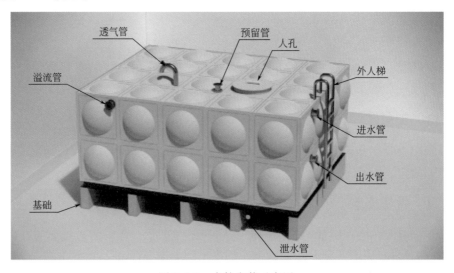

图9.7-1 水箱安装示意图

9.8 无负压上水设备安装

9.8.1 适用范围

适用于民用建筑地下室水泵房无负压上水设备安装施工。

9.8.2 质量要求

成套设备安装牢固可靠。所有钢制部件、铸铁部件有防腐措施。控制柜接线正确,接地可靠,各操作部件启闭灵活,保护装置启动灵敏。多台泵运行时,应逐台软启动,由变频转工频,至压力流量满足设定值为止。给水压力值设定应满足用户需求,压力传感器能实时监测管网压力变化。压力传感器传送信号正常,编程控制器正确编译,并能根据水压对水泵转数进行调整。运行时振动及噪声值低于80dB。

9.8.3 工艺流程

基础验收、基础钢架安装→缓冲罐、变频器、水泵机组、稳流补偿器、压力传感器、控制柜安装→安装连接管及配件→接地和标识。

9.8.4 做法要点

(1)设备基础必须水平,基础钢架及支架排列整齐统一,除锈、防腐符合设计要求。

(2)稳流罐、水泵等安装前检查各部件齐全完好,水泵连接管道的内部和管端清洗干净,管中无杂物,密封面和螺纹不损伤。设备安装就位后必须用地脚螺栓固定牢固。稳流罐必须安装排污阀、压力仪表,阀门安装顺序为蝶阀→过滤器→蝶阀→稳流罐→止回阀→蝶阀,变频泵组阀门安装顺序为蝶阀→过滤器→橡胶软接头→变频泵→橡胶软接头→止回阀→蝶阀及变频泵组末端管道压力表。阀门安装手轮的朝向应便于操作,过滤器、止回阀安装方向正确,便于检修,管道排列整齐。电气设备安装符合设计及规范要求,信号线与动力线必须分别放置在不同的金属管道上。

(3)配管法兰应与水泵、阀门的法兰相符,紧固法兰盘螺栓时要对称拧紧,确保法兰对接平行、紧密,且与管中心线垂直,螺杆露出螺母长度不应大于螺杆直径的1/2。稳流罐和水泵等动设备安装在同一钢架上时,稳流罐出入管道宜用柔性接头连接。

(4)管道支架和地面、墙面的连接板宜采用厚4~6mm的钢板,架体采用角钢对称45°切角弯折成90°满焊;除锈后刷两遍防锈漆,然后刷两遍面漆;用膨胀螺栓固定。支架地面连接板用混凝土做护墩。穿墙管道和套管间隙封堵后,用与管道颜色或墙面颜色相同的护圈进行装饰。

(5)变频泵、电机、变压器、电缆金属外壳等非带电的金属部分都应可靠接地。设备标识、管道标识刷漆应符合规范要求,标识标牌清晰明确。

9.8.5 实例或示意图

如图9.8-1所示。

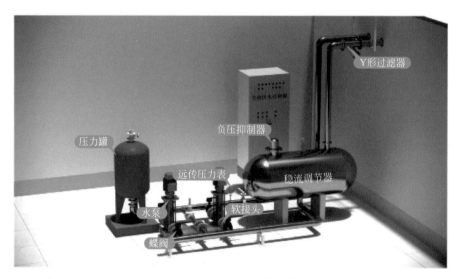

图 9.8-1　水箱安装示意图

9.9　压力排水设备及管配件安装

9.9.1　适用范围

适用于民用建筑地下室压力排水设备及管配件安装施工。

9.9.2　质量要求

潜水泵安装位置正确，阀门、螺栓朝向一致，管道端正平直，油漆涂刷均匀，支架结构正确，设置合理。

9.9.3　工艺流程

集水井验收、潜污泵开箱检查→水泵吊装就位、找正→安装连接管及配件→支架制作、安装→标识。

9.9.4　做法要点

（1）集水坑内抹边收口，进行验收。安装前将集水坑内垃圾清理干净。排污泵安装前先检视机体，确保各部位零件完好齐全。

（2）泵座安装基础必须水平。潜污泵就位后，找平、校正，固定牢固。潜污泵液位浮球、液位开关高低水位启停装置的安装标高应严格按设计要求（浮球线缆采用支架固定，便于浮球在设计范围内浮动）。

（3）配管法兰应与水泵、阀门的法兰相符，紧固法兰盘螺栓时要对称拧紧，确保法兰对接平行、紧密，且与管中心线垂直，螺杆露出螺母长度不应大于螺杆直径的 1/2。水泵泵体与进出口法兰安装时，其中心线允许偏差为 5mm。压水管道连接紧固无渗漏，排出管上闸阀（或蝶阀）、球形止回阀、压力表、橡胶软接头等安装从下到上依次为：橡胶软接头→压力表→球形止回阀→排出管上闸阀。阀门安装手轮的朝向应便于操作，闸阀中心距地高度及三通距地高度须符合图纸设计要求且标高一致，配管排列整齐。排水管道伸入井坑时不得与井盖板接触，其间隙应为3～5mm的柔性隔离。在车位上的潜污泵排水管应设置防撞装置。

（4）管道支架和地面的连接板宜采用厚4～6mm的钢板，架体采用角钢对称45°切角弯折满焊；除锈后刷两遍防锈漆，然后刷两遍面漆；用膨胀螺栓固定。

（5）压力排水（污废水）管道标识色为黑色，按照相关要求标识管道和阀门。

9.9.5 实例或示意图

如图9.9-1、图9.9-2所示。

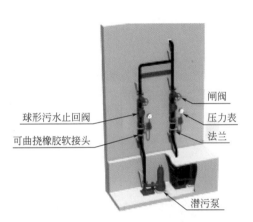

图9.9-1 压力排水安装详图

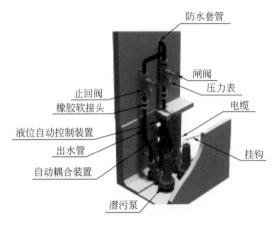

图9.9-2 潜污泵安装详图

第10章

地下室消防泵房

10.1 概论

10.1.1 一般规定

（1）水泵机组基础的平面尺寸应满足水泵设备安装需求，基础完成面平整度应满足规范规定的安装平整度要求。基础内预埋件定位及安装满足设备安装需求。

（2）泵房内应有排除积水的设施。泵房内排水沟设置应综合考虑消防泵房内的管线及设备排布情况，保证排水顺畅。

（3）泵房地坪向排水沟方向找坡，找坡坡度满足排水需求。

（4）消防泵房应采取防止水淹没的技术措施。

（5）消防水泵房控制柜应采取安全保护措施。

（6）各类设备布局合理，周边预留足够的操作和维保空间，中心线、标高统一。色彩搭配美观，排水合理，标识清楚。

（7）设备安装规范，固定牢固，运行平稳。

（8）降噪措施完备，稳定可靠。

（9）各类阀门、管件、配件、支架安装标高一致，整齐美观，无跑冒滴漏现象。

10.1.2 规范要求

（1）泵房主要人行通道宽度不宜小于1.2m，电气控制柜前通道宽度不宜小于1.5m，控制柜与水泵设备之间应设置有效的隔水措施。

（2）水泵机组基础的平面尺寸，无隔振安装应较水泵机组底座四周各宽出100～150mm；有隔振安装应较水泵隔振台座四周各宽出150mm。

（3）水泵机组基础的顶面标高，无隔振安装时应高出泵房地面不小于0.10m；有隔振安装时可高出泵房地面不小于0.05m。

（4）水泵间与电动机间的层高差超过水泵技术性能中规定的轴长时，应设中间轴承和轴承支架，水泵油箱和填料函处应设操作平台等设施。操作平台工作宽度不应小于0.6m，并应设置栏杆。平台的设置应满足管理人员通行和不妨碍水泵装拆。

（5）当消防水泵房内设有集中检修场地时，其面积应根据水泵或电动机外形尺寸确定，并应在周围留有宽度不小于 0.7m 的通道。地下室泵房宜利用空间设集中供暖检修场地。

（6）附设在建筑物内的消防水泵房，应采用耐火极限不低于 2.0h 的隔墙和耐火极限不低于 1.5h 的楼板与其他部位隔开，其疏散门应直通安全出口，且开向疏散走道的门应采用甲级防火门。防火门接入门禁系统，并派专人进行管理。

（7）报警阀组安装的位置应符合设计要求；当设计无要求时，报警阀组应安装在便于操作的明显位置，距室内地面高度宜为 1.2m，两侧与墙的距离不应小于 0.5m，正面与墙的距离不应小于 1.2m，报警阀组凸出部位之间的距离不应小于 0.5m。安装报警阀组的室内地面应有排水设施。

（8）水力警铃应安装在公共通道或值班室附近的外墙上，且应安装检修、测试用的阀门。

（9）末端试水装置和试水阀的安装位置应便于检查、试验，并应有相应排水能力的排水设施。

（10）消防水泵的安装，应符合现行国家标准《机械设备安装工程施工及验收通用规范》GB 50231、《风机、压缩机、泵安装工程施工及验收规范》GB 50275 的有关规定。

（11）消防气压给水设备安装位置、进水管及出水管方向应符合设计要求；出水管上应设止回阀，安装时其四周应设检修通道，其宽度不宜小于 0.7m，消防气压给水设备顶部至楼板或梁底的距离不宜小于 0.6m。

（12）中水高位水箱应与生活高位水箱分设在不同的房间内，如条件不允许只能设在同一房间时，与生活高位水箱的净距离应大于 2m。

（13）中水供水管道严禁与生活饮用水给水管道连接。

10.1.3　管理规定

（1）施工前应进行策划，对作业班组做好技术交底。

（2）施工过程中要严格把好质量关，对所有安装项目进行检验，符合要求才允许交付使用。

10.1.4　深化设计

（1）对消防泵房内的各个设备、管道、支架等应进行统一规划，并作深化设计。

（2）深化设计图内容包括但不限于：设备基础、排水沟、集水井等重点部位。

（3）需综合考虑墙体等预留洞口位置，管线综合排布情况，必要时应采用 BIM 技术。与其他专业设施的相对位置空间应有预留。

（4）必要时应采用 BIM 技术建模，检验图纸设计能否满足使用要求。

10.2　墙体施工

10.2.1　适用范围

适用于地下室消防泵房墙体施工。

10.2.2 质量要求

消防泵房房间开间、进深尺寸满足设计要求，墙面垂直度、平整度满足规范要求，墙体无渗漏、开裂现象，防火封堵处理到位。

10.2.3 工艺流程

（1）砌筑墙体部分：基层清理→放线→混凝土板面凿毛→支设模板并浇筑素混凝土翻边→墙体砌筑施工（管道安装洞口预留）→管道安装→抹灰→装饰装修面层施工。

（2）混凝土剪力墙部分：基础处理→抹灰→装饰装修面层施工。

10.2.4 做法要点

（1）提前做好管道深化设计，墙体施工过程中做好管道洞口预留，预留洞考虑50mm的安装空间。施工过程中提前深化考虑穿墙管道位置，墙体砌筑时设置预制混凝土管道穿墙洞。机电管道安装完毕后，管道与结构构件间隙大于50mm的采用防火岩棉或砖砌封堵（图10.2-1、图10.2-2）。

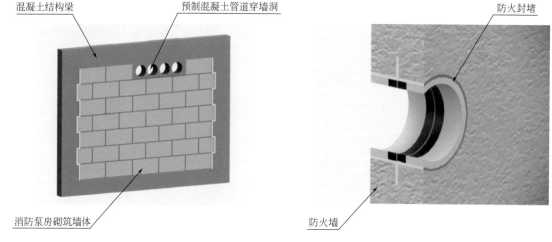

图 10.2-1　管道穿墙预制混凝土块深化　　　图 10.2-2　防火封堵深化节点

（2）消防水池深化考虑检修洞口位置，检修洞口尺寸不小于1000mm×600mm。

（3）提前规划设备安装进入机房的动线，大型设备提前预留运输及安装通道，待设备就位后再进行封堵（图10.2-3、图10.2-4）。

（4）消防泵房门开启方向相反一侧设置100mm宽、300mm高的素混凝土门槛，混凝土强度等级不小于C20。

（5）消防泵房门位置设置60cm高不锈钢挡鼠板，贴反光警示标识。挡鼠板应固定牢固、拆卸方便（图10.2-5、图10.2-6）。

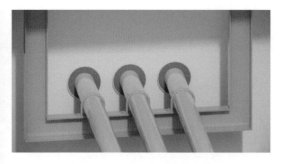

图 10.2-3 消防管道防火封堵

图 10.2-4 消防泵房内桥架防火封堵

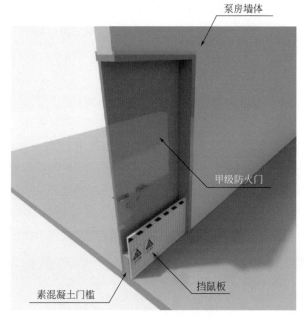

图 10.2-5 泵房防火门位置节点深化

图 10.2-6 泵房挡鼠板

10.3 设备基础及支架基础施工

10.3.1 适用范围

适用于地下室消防泵房设备基础及支架基础施工。

10.3.2 质量要求

基础表面平整、坡向正确，基础定位、标高、尺寸、预留孔洞、混凝土强度达到设计强度要求。基础周围设置排水槽，排水槽坡向正确，排水槽的过水面积应与泄水管放水流量相适应。接地扁钢预埋位置正确，焊接规范。

10.3.3 工艺流程

放线→施工准备→模板安装、预留预埋→基础混凝土浇筑→混凝土养护→模板拆除。

10.3.4 做法要点

（1）水泵机组基础的顶面标高符合设计要求，无隔振安装时应高出泵房地面不小于0.10m；有隔振安装时可高出泵房地面不小于0.05m（图10.3-1、图10.3-2）。

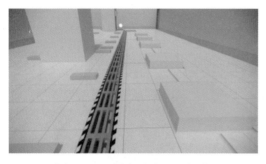

图10.3-1　设备基础BIM深化　　　　　　　　图10.3-2　设备基础

（2）支架基础：落地支架根部混凝土保护墩制作精美，定位方向准确，且顺直，排列成排成线。

（3）设备基础周边设置排水槽，排水槽与泵房内排水沟相连，形成有组织排水（图10.3-3、图10.3-4）。

图10.3-3　落地管道支架基础　　　　　　　　图10.3-4　基础周边排水槽

10.4　排水沟及集水井施工

10.4.1　适用范围

用于地下室消防泵房排水沟及集水井施工。

10.4.2 质量要求

（1）排水沟：排水沟深度满足设计要求，排水坡度不小于 0.5%，排水沟施工顺直，盖板顶标高与地面相平。

（2）集水井：集水井平面尺寸、深度满足设计要求，集水井盖板强度、刚度满足需求。

10.4.3 工艺流程

深化考虑排水沟／集水井位置→放线→施工排水沟／集水井结构（埋设角钢或槽钢）→降板区域管道敷设→降板区回填→室内地坪施工→排水沟面层施工→安装盖板。

10.4.4 做法要点

（1）泵房排水沟两侧宜采用 300mm 宽素混凝土施工，排水沟上部设置∟40mm×40mm 角钢企口，排水沟上方设置不锈钢盖板，样式可参考图集 17J927。排水沟内侧按0.5% 向集水井方向找坡。排水沟两侧贴警示带（图 10.4-1、图 10.4-2）。

（2）降板区回填宜采用陶粒混凝土或低强度等级的素混凝土。

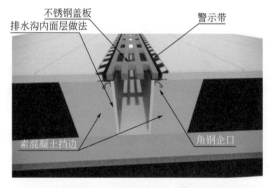

图 10.4-1 排水沟深化设计节点

图 10.4-2 消防泵房排水沟

（3）集水井内侧施工 15～20mm 厚防水砂浆，上部设置盖板，盖板样式可参考图集02J331。集水井盖板下方设置槽钢及角钢防护措施。集水井四周贴警示带或设置防撞栏杆（图 10.4-3、图 10.4-4）。

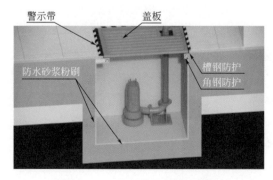

图 10.4-3 集水井深化设计节点

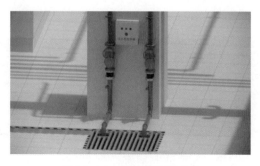

图 10.4-4 消防泵房集水井

10.5 墙面、顶棚及地面施工

10.5.1 适用范围

适用于地下室消防泵房墙面、顶棚及地面施工。

10.5.2 质量要求

无渗漏，墙面平整、光滑、洁净，无裂缝、空鼓等缺陷，阴阳角顺直，管道后面处理到位，墙面无废弃支架、膨胀螺栓、接线盒等杂物，地面向排水沟、排水槽找坡。

10.5.3 做法要点

（1）地面排水沟深度、坡度、宽度满足设计要求。

（2）瓷砖面层与地面砖缝对齐，铺贴坚实，无色差，高度一致，面宽均匀。

（3）水泥砂浆地面面层与混凝土结构层应结合牢固，无空鼓、裂纹。地坪做法宜增加一道防水涂料，四周上翻高于面层高度300mm。

（4）顶棚无渗漏，顶棚平整、光滑、洁净、无裂缝，阴阳角顺直。顶棚宜采用防霉、防水、防污一体化腻子。

（5）墙面宜粘贴釉面砖或采用防霉、防水、防污一体化腻子。墙面光洁，平整度满足规范要求。

10.5.4 实例或示意图

如图10.5-1～图10.5-4所示。

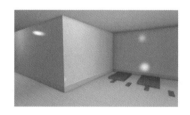

图10.5-1 消防泵房墙面

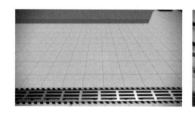

图10.5-2 消防泵房地面排砖图

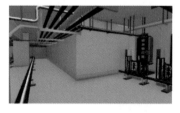

图10.5-3 消防泵房地面及顶棚

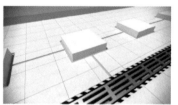

图10.5-4 设备基础周边排水槽深化

10.6 湿式报警阀及管配件安装

10.6.1 适用范围

适用于地下室消防泵房湿式报警阀及管配件安装。

10.6.2 质量要求

湿式报警阀及管配件应安装在安全及易于操作的地点，距离地面的高度宜为1.2m，两侧距墙不小于0.5m，正面距墙或其他障碍物不小于1.2m。安装报警阀组的部位应设有排水设施。

10.6.3 工艺流程

管道与配件准备→法兰、管件与管道焊接→管道安装→报警阀安装→其余配件安装。

10.6.4 做法要点

（1）管道下料前应确定好尺寸，确保报警阀安装高度符合要求。

（2）法兰平面与管道轴线应保持90°，与报警阀连接的法兰公称压力和直径应与阀体一致。

（3）管道安装应横平竖直。

（4）各个报警阀高度应保持一致，紧固螺栓方向应一致。

（5）各个压力表高度应一致，表面应朝向操作者一侧。

10.6.5 实例或示意图

如图10.6-1所示。

图10.6-1 湿式报警阀及配件示例图

10.7 消防稳压装置及附件安装

10.7.1 适用范围

适用于地下室消防泵房消防稳压装置及附件安装。

10.7.2 质量要求

消防稳压装置底座应与地面牢固固定，对于 8 度以及 8 度以上的抗震设防，膨胀螺栓或地脚螺栓应固定在垫层下的结构楼板上。

10.7.3 工艺流程

基础复测→地脚螺栓或膨胀螺栓预埋→稳压装置安装就位、调平、紧固。

10.7.4 做法要点

（1）基础大小应与稳压装置匹配，基础高度应为 150mm。安装位置周边应留有足够的维保空间。

（2）所选膨胀螺栓或地脚螺栓的大小规格应与稳压装置型号大小相匹配。

（3）稳压装置整体应保持水平，立式设备应保持垂直。

10.7.5 实例或示意图

如图 10.7-1 所示。

图 10.7-1 消防稳压装置及配件实例

10.8 警铃及试水装置安装

10.8.1 适用范围

适用于地下室消防泵房警铃及试水装置安装。

10.8.2　质量要求

警铃应安装在公共通道或值班室附近的外墙上，且应安装检修、测试用的阀门。末端试水装置应安装在方便操控的位置。

10.8.3　工艺流程

管道下料、套丝、连接→安装阀门和警铃→安装试水装置→安装排水立管。

10.8.4　做法要点

（1）管道应采用热镀锌钢管，管径为 DN20 时，长度不应超过 20m。管道下料时要控制好尺寸，确保各部件安装位置符合要求。

（2）阀门、警铃安装的接头不应有渗漏水现象。

（3）末端试水装置应由试水阀、压力表、试水接头组成，试水接头出水口的流量系数应等同于同一楼层或防火分区内的最小流量系数的喷头。

（4）最不利点末端试水装置应设置压力表，其他楼层试水装置可选配压力表。末端试水装置和试水阀距地面的高度应为 1.5m，并应有标识。

（5）末端试水装置的排水应采用孔口出流的方式间接排入排水管道。

（6）末端试水装置的排水立管所设伸顶通气管的管径不应小于 75mm。

10.8.5　实例或示意图

如图 10.8-1、图 10.8-2 所示。

图 10.8-1　试水装置示意图

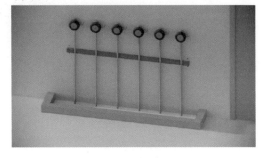

图 10.8-2　警铃实例

10.9　软化水处理设备安装

10.9.1　适用范围

适用于地下室消防泵房软化水处理设备安装。

10.9.2　质量要求

设备安装位置、标高正确，管道连接走向合理，阀门操作、视镜观察方便，不得有渗漏现象。

10.9.3 工艺流程

基础复测与位置确定→设备就位固定→安装压力表、阀门、过滤器→安装连接管道。

10.9.4 做法要点

（1）基础大小、标高应与设备相匹配，周围应留有 0.5m 空隙，以便检修。

（2）立式罐体垂直安装，设备铭牌朝向操作者并保持清晰可见，视镜应布置在便于观察的方向。

（3）阀门安装位置应便于操作，压力表的表面应朝向操作者。

（4）各接头不允许有渗漏现象。

10.9.5 实例或示意图

如图 10.9-1 所示。

图 10.9-1　软化水处理装置示意图

10.10　中水设备安装

10.10.1　适用范围

适用于地下室消防泵房中水设备安装。

10.10.2　质量要求

中水设备水箱与生活用水水箱不应同在一间房间，或者至少距离 2m 以上，管道管材和管件必须采用耐腐蚀材料，设备和给水箱应有"中水"标识。

10.10.3　工艺流程

基础复测与位置确定→设备就位固定→安装压力表、阀门、过滤器等附件→安装连接管道。

10.10.4 做法要点

（1）设备安装位置准确，周围应留有便于检修的空间。

（2）设备铭牌朝向操作者并保持清晰可见，视镜应布置在便于观察的方向。

（3）阀门安装位置应便于操作，压力表的表面应朝向操作者。

（4）中水给水管道不得装设取水水嘴，各接头不允许有渗漏现象。

10.10.5 实例或示意图

如图 10.10-1 所示。

图 10.10-1　中水设备安装示意图

10.11　有管网气体灭火装置及配件安装

10.11.1 适用范围

适用于地下室消防泵房有管网气体灭火装置及配件安装。

10.11.2 工艺流程

确定安装位置→安装启动瓶组架和灭火剂瓶组架→灭火剂钢瓶和启动钢瓶就位→安装管路及阀门→安装钢瓶抱箍及钢架固定→安装安全泄放阀、信号反馈装置及压力表。

10.11.3 做法要点

（1）安装位置应便于观察和操作。

（2）钢架组装稳固，螺栓安装应有垫圈，螺栓方向应一致。

（3）钢瓶标签应正对外面。

（4）单向阀的位置以及气流方向应符合系统要求。

（5）抱箍及钢架安装应稳固无松动。

（6）泄压装置的泄压方向不应朝向操作面。低压二氧化碳灭火系统的安全阀应通过专用的泄压管接到室外。

（7）存储容器宜涂刷红色油漆，每个容器应设有耐久性标识，标明贮存容器编号、皮重、容积、灭火剂名称、充装量、充装日期及贮存压力等。

（8）容器阀、选择阀、单向阀等系统组件，在明显部位应设有耐久性标识，内容清晰，设置牢固。

10.11.4 实例或示意图

如图 10.11-1 所示。

图 10.11-1 有管网气体灭火装置及配件示意图

10.12 柔性防水套管安装

10.12.1 适用范围

适用于地下室消防泵房柔性防水套管安装。

10.12.2 质量要求

柔性防水套管选型应符合安装场所要求（02S404 图集），法兰压盖应平整，与墙体平行，间隙一致，螺栓压紧均匀，不得有渗水现象。

10.12.3 工艺流程

检查套管、密封材料的质量→预埋套管→安装穿墙管→填充密封件→安装法兰压盖→紧固螺栓。

10.12.4 做法要点

（1）橡胶密封圈不得有割裂、龟裂、错位、错配、飞边等缺陷。

（2）套管轴线应水平，与墙面垂直。

（3）在靠近构（建）筑物墙体处应设置必要的管道支架或支墩，以保证穿墙管安装时环向间隙均匀。

（4）与橡胶圈接触的各表面应洁净，套在穿墙管上的橡胶圈应平直、无扭曲。

（5）套管法兰和法兰压盖轴线同心。

（6）螺栓紧固件等应设置在易于人工操作的一侧，螺栓紧固应均匀对称。

10.12.5 实例或示意图

如图 10.12-1 所示。

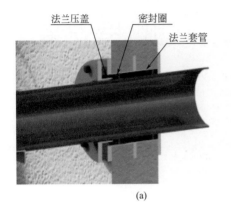
(a)

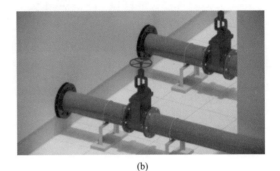
(b)

图 10.12-1 柔性防水套管安装示意图

第11章
地下室送排风防排烟机房安装

11.1 概述

11.1.1 一般规定

（1）基础的平面尺寸及平整度应满足要求，基础内预埋件定位满足设备安装需求。

（2）有耐火极限要求的风管本体、框架与固定材料、密封垫料等必须为不燃材料，材料品种、规格、厚度及耐火极限等应符合设计要求和国家现行标准的规定。防烟、排烟系统柔性短管的制作材料必须为不燃材料。

（3）金属风管规格应以外径或外边长为准，非金属风管和风道规格应以内径或内边长为准。防排烟系统中的送风口、排风口、排烟防火阀、送风风机、排烟风机、固定窗等应设置明显标识。

（4）排烟风管的隔热层应采用厚度不小于 40mm 的不燃绝热材料。

（5）风管与排烟风机的连接宜采用法兰连接，或采用不燃材料制作的柔性短管连接。当风机仅用于防烟、排烟时，不宜采用柔性连接。

（6）排烟防火阀应顺气流方向关闭（易熔片迎着气流方向），并设独立的支吊架。当风管采用不燃材料防火隔热时，阀门安装处应有明显标识。

11.1.2 规范要求

（1）排烟口距可燃物或可燃构件的距离不应小于 1.5m。

（2）风机外壳至墙壁或其他设备的距离不应小于 600mm。风机应设在混凝土或钢架基础上，且不应设隔振装置；若排烟系统与通风空调系统共用且需要设置隔振装置时，不应使用橡胶隔振装置。

（3）风机驱动装置的外露部位应装设防护罩，直通大气的进出口应装设防护网或采取其他安全设施，并应设防雨措施。

（4）风管接口的连接应严密、牢固，垫片厚度不应小于 3mm，不应凸入管内和法兰外；排烟风管法兰垫片应为不燃材料，薄钢板法兰风管应采用螺栓连接。

（5）当风管穿越隔墙或楼板时，风管与隔墙之间的空隙，应采用水泥砂浆等不燃材料严密填塞。吊顶内的排烟管道应采用不燃材料隔热，并应与可燃物保持不小于150mm的距离。

（6）风机的进风口应直通室外，且应采取防止烟气被吸入的措施。

（7）排烟风机应设置在专用机房内，且风机两侧应有600mm以上的空间。

（8）附设在建筑内的机房，应采用耐火极限不低于2h的防火隔墙和耐火极限不低于1.5h的楼板与其他部位分隔。

11.1.3　管理规定

（1）应确定创优组织与人员分工，做好施工过程中各单位、各专业的协调，组织好停止点和检验点的控制与复核，确保细部策划有效实施。

（2）利用设计确认的BIM模型及施工图纸，对机房内各类设备、管线、桥架等进行综合布置和优化，明确细部做法和要求，编制创优规划，形成作业指导书、预制图、加工图、预埋图、预留孔洞图等施工图纸。

（3）施工前，应根据机房内机电安装施工图纸建立BIM模型，对设备基础尺寸、预埋件与预埋管的位置和尺寸，以及各基础间距离进行深化设计与综合排布，并报设计认可。

（4）应对所有材料、设备进行检验与试验，需要复验的进行见证取样。

（5）施工前，对作业班组做好技术交底，施工过程中要严格把好质量关。

11.1.4　深化设计

1. 机房深化设计原则

（1）合规性原则：深化设计必须符合国家和当地规程、规范、标准和法规要求，并综合考虑各专业的规定要求，做到安全合规。

（2）方便性原则：深化设计时，必须考虑施工的方便性和以后使用操作、拆卸维修的便捷性。

（3）美观性原则：要根据设备、管线、桥架的数量、尺寸，本着最大限度利用机房有限空间和统一布置的原则，力求达到平齐、顺直、居中、对称等美观性要求。

（4）功能性原则：深化设计必须考虑设备使用功能与安全性，不得影响风管流通截面，妨碍设备、阀门动作，影响后续施工和其他专业设备的功能。

2. 深化设计的内容与方法

（1）认真熟悉图纸，建立BIM模型，并对风机位置、管路走向进行规划。确保机房最大使用空间和足够的净空高度，并考虑内装修、保温等可能的影响。

（2）提前获取设备说明书或产品样本，掌握设备实际细部尺寸及参数，并以此调整设备基础尺寸、与墙体和其他设备间的相对位置以及设备隔振方式，以确保在满足规范要求的基础上，方便检修、操作、施工。

（3）要与土建专业密切配合，根据BIM模型、管线排布图和规范要求，确定墙体及楼板预留孔洞、套管、预埋件、设备基础的位置、尺寸和标高等。

（4）依据图纸及规范要求，根据阀门、软连接等尺寸、其他管线布置和净空距离，在BIM模型中确定各段风管的长度、位置及支吊架设置形式。管线排布应先定位排水管（无压管），再定位风管或其他大管，然后定位其他有压管线和桥架，风管上方有排水管的，安装在排水管之下。

（5）当风管、桥架等分层布置时，应考虑设置综合支吊架，其制作形式、材料须经过负荷计算并满足要求；机房内有消防水管时，水管宜排在风管上面，并尽量贴梁底安装，以确保与楼板或吊顶的距离，并应避开送排烟（风）口的位置。

（6）排烟管接多个排烟口时，每个排烟口单独接的排烟管段需安装手动风量调节阀或采用可调节风量的风口，以备工程后期进行风量平衡调节，同时还应安装电动防火阀，以满足消防联动控制要求。

（7）强、弱电间等采用气体灭火的房间，通常采用的七氟丙烷等灭火气体因密度比空气大，故需设置下排风。

（8）根据管线综合排布模型，制定机房内各专业的施工工序以及各施工单位间的配合要求。

11.2 墙体施工

11.2.1 适用范围

适用于地下室送排风防排烟机房墙体施工。

11.2.2 质量要求

机房开间、进深尺寸满足设计要求，墙面垂直度、平整度满足规范要求，墙体无渗漏、开裂现象，防火封堵处理到位。

11.2.3 工艺流程

（1）砌筑墙体部分：基层清理→放线→混凝土板面凿毛→支设模板并浇筑素混凝土翻边→墙体砌筑施工（管道安装洞口预留）→管道安装→抹灰→装饰装修面层施工。

（2）混凝土剪力墙部分：基础处理→抹灰→装饰装修面层施工。

11.2.4 做法要点

（1）提前做好管道深化设计，墙体施工过程中做好风管及桥架洞口预留，预留洞考虑50mm的安装空间。施工过程中提前深化考虑穿墙位置，墙体砌筑时设置预制混凝土块。管道安装完毕后，管道与结构构件间隙大于50mm的采用防火岩棉或砖砌封堵。

（2）提前规划设备安装时进入机房的动线，大型设备提前预留运输及安装通道，待设备就位后再进行封堵。

（3）排风防排烟机房门开启方向相反一侧设置100mm宽、300mm高的素混凝土门槛，混凝土强度等级不小于C20。

11.2.5 实例或示意图

如图11.2-1、图11.2-2所示。

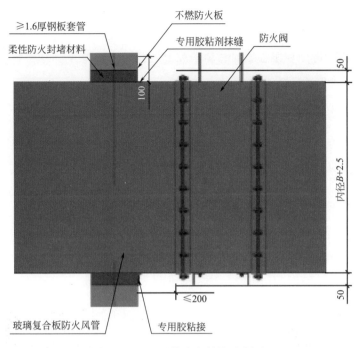

图 11.2-1　风管防火封堵示意图

图 11.2-2　风管防火封堵效果

11.3　风机设备基础施工

11.3.1　适用范围

适用于地下室送排风防排烟机房的风机设备基础施工。

11.3.2 质量要求

基础表面平整、坡向正确，基础定位、标高、尺寸、混凝土强度等达到相关要求。接地扁钢预埋位置正确，符合焊接规范。

11.3.3 工艺流程

放线→施工准备→模板安装、预留预埋→基础混凝土浇筑→混凝土养护→模板拆除。

11.3.4 做法要点

风机基础制作精美，定位方向准确，且顺直，排列成排成线。

11.3.5 实例或示意图

如图 11.3-1 所示。

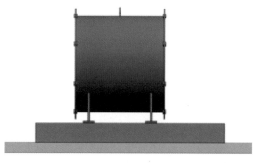 

(a)   (b)

图 11.3-1 风机设备基础

11.4 墙面、顶棚及地面施工做法

11.4.1 适用范围

适用于地下室送排风防排烟机房墙面、顶棚及地面施工。

11.4.2 质量要求

无渗漏，墙面平整、光滑、洁净，无裂缝、空鼓等缺陷，阴阳角顺直，墙面无废弃支架、膨胀螺栓、接线盒等杂物。

11.4.3 做法要点

（1）环氧地坪表面平整平滑，无起皮脱落。

（2）瓷砖面层与地面砖缝对齐，铺贴坚实，无色差，高度一致，面宽均匀。

（3）水泥砂浆地面面层与混凝土结构层应结合牢固，无空鼓、裂纹。

（4）顶棚无渗漏，顶棚平整、光滑、洁净，无裂缝，阴阳角顺直。顶棚宜采用防霉、防水、防污一体化腻子。

（5）墙面宜采用防霉、防水、防污一体化腻子。墙面光洁，平整度满足规范要求。

11.4.4 实例或示意图

如图 11.4-1 所示。

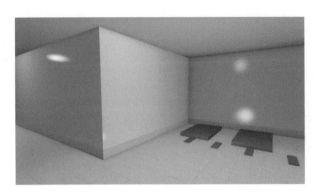

图 11.4-1 风机房墙面、地面、顶棚

11.5 隔振器安装

11.5.1 适用范围

适用于地下室送排风防排烟机房隔振器安装。

11.5.2 质量要求

隔振器基础应在同一水平面上，地面应平整，各组隔振器承受载荷的压缩量应均匀，隔振器弹簧不能出现倾斜现象，高度误差应小于 2mm。

11.5.3 工艺流程

隔振器选用→基础划线钻孔→隔振器安装。

11.5.4 做法要点

（1）隔振器选择：轴流风机及离心风机落地安装时，应按设计及规范要求选择隔振装置：离心通风机，当风机转速≤1500r/min 时，宜选用弹簧隔振器。当风机转速＞1500r/min 时，宜选用橡胶隔振器或隔振垫块。排烟风机在基础或支座上安装时，一般不设隔振装置，当与排风系统共用且有隔振要求时，不应采用橡胶隔振器。轴流通风机在地面上安装，如有隔振要求时，应用橡胶隔振垫。

（2）基础划线钻孔：风机安装前应根据风机螺栓孔位置，按照基础纵横中心线划出隔振器位置及固定螺栓孔位置进行钻孔，隔振器两个地脚螺栓孔连线宜与设备支座相垂直，以便于调整维修。

（3）隔振器安装：隔振器应与基础或基座接触紧密，用水平仪或水平尺进行找正调平。隔振器固定地脚螺栓及与设备连接的螺栓应采用圆头螺帽进行防护。

11.5.5 实例或示意图

如图 11.5-1、图 11.5-2 所示。

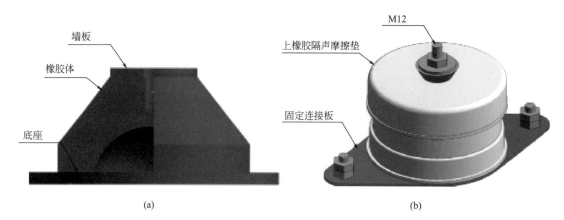

图 11.5-1 隔振器安装示意图

图 11.5-2 隔振器安装效果图

11.6 落地风机安装

11.6.1 适用范围

适用于地下室送排风防排烟机房落地风机安装。

11.6.2 质量要求

风机排列整齐，高度一致，间距合理。软连接、隔振器设置符合规范要求；设备接地可靠，安全防护装置齐全规范，线管预埋位置准确一致。

11.6.3　工艺流程

基础检验划线→隔振器安装→风机安装→风机找正→防护装置安装→设备标识。

11.6.4　做法要点

（1）基础检查划线：利用水准仪和全站仪测量并在设备基础上划出安装所需的十字中心线和标高基准线。同型号成排风机应统一进行放线，尽可能保证基础高度、横向中心线一致，纵向中心线相互平行。要求基础混凝土强度不小于 C25，基础尺寸应大于设备边缘150mm 以上。

（2）隔振器安装：应根据设备地脚螺栓孔和安装基准线确定隔振器具体位置并钻孔固定，调整合格后将风机就位。应注意：弹簧隔振器的型号应一致，各组隔振器承受的载荷压缩量应均匀，不偏心。

（3）风机安装就位：将风机放置在隔振器或隔振胶垫上，风机与周围建（构）筑物距离符合规范要求，操作检修方便，外壳距墙或其他设备的距离不应小于 600mm。

（4）风机找正：风机就位后，调整纵横中心线与基准线重合，进行水平度或垂直度测量并固定，成排风机统一拉线找正。风机纵横轴线应与基础轴线对位准确，电动机与风机轴线应相互平行，两个皮带轮的中心线应重合。

（5）防护装置安装：传动装置外露部分必须装设防护罩（网）。

（6）设备标识。防排烟系统送风风机、排烟风机等应设置明显标识。标识应采用喷涂或挂牌的方式，并标明风机用途和覆盖区间等。

11.6.5　实例或示意图

如图 11.6-1 所示。

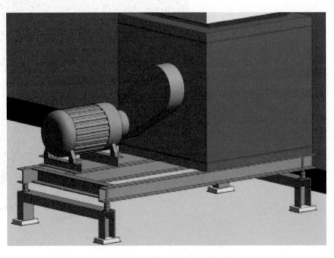

图 11.6-1　落地风机安装做法

11.7 吊挂风机安装

11.7.1 适用范围

适用于地下室送排风防排烟机房吊挂风机安装。

11.7.2 质量要求

风机生根及固定可靠，位置正确，安装平正，与风管同轴对中，固定牢固。隔振装置的形式及安装调整状态符合要求，压缩量均匀，设备接地与软连接跨接正确。

11.7.3 工艺流程

测量放线→支架安装→风机安装→调整固定→设备标识。

11.7.4 做法要点

（1）测量划线：采用激光放线仪，根据风机安装位置及管道中心线，在楼板上划出风机纵横中心线及吊架位置。

（2）支架安装：根据放线位置，将根部槽钢与预埋铁或钢板焊接牢固，钢板尺寸不小于 200mm×200mm，槽钢上螺栓孔应与安装位置对正。然后安装弹簧隔振吊钩及吊杆，吊杆与槽钢采用双螺母及弹簧垫圈连接。型钢吊架安装时应先在地面组装，连同风机、隔振器一起吊装，预埋板与角钢焊接。应注意：各隔振装置的生产厂家、规格型号应一致。

（3）风机安装：将风机用捯链吊装就位，穿入 PVC 防护套管并安装横担，横担与风机支座之间垫 6mm 厚橡胶垫片。横担采用角钢或槽钢制作，边缘倒圆角，并在横担上下加双螺母固定。

（4）调整固定：根据风机水平中心线位置，调整安装高度并固定。风机吊架应只承受风机载荷，不得将连接管重量作用在该支架上。

（5）设备标识：风机应采用喷涂或挂牌的方式进行标识，应标明风机用途、覆盖区间等。

11.7.5 实例或示意图

如图 11.7-1 所示。

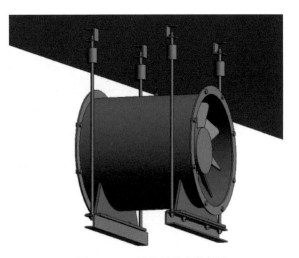

图 11.7-1 风机吊挂安装做法

11.8 风管及部件制作

11.8.1 适用范围

适用于地下室送排风防排烟机房风管及部件制作。

11.8.2 质量要求

风管及配件咬口应紧密，宽度及圆弧均匀一致，风管两端平齐、表面平整，无明显扭曲与翘角。长宽及对角线尺寸偏差应满足规范要求，翻边平整，宽度一致，紧贴法兰。风管拼接、加固应规范。

11.8.3 工艺流程

板材拼接→排板优化→风管下料→折方咬口→法兰安装→接触部位处理→风管翻边→风管加固。

11.8.4 做法要点

（1）板材拼接：风管钢板应在下料前进行排板，保证接缝错开，不出现十字拼接缝。不锈钢风管厚度≤1mm 时，板材拼接应采用咬接或铆接。板厚＞1mm 时，宜采用氩弧焊。

（2）排板优化：下料前先建立系统 BIM 模型，进行优化，划分管段时，避免支管、风口重合在法兰处，避免法兰接口位于穿墙洞内。

（3）风管下料：金属风管规格应以外边长或外径为准，非金属风管和风道应以内边长或内径为准。变径风管下料时，单面变径夹角不宜大于 30°，双面变径夹角不宜大于 60°，圆形风管支管与总管的夹角不宜大于 60°。

（4）折方咬口：折方前复核各折线间尺寸，在折方机折方后用合缝机进行合缝。咬口缝应结合紧密，不应出现胀裂和半咬口缺陷。

（5）法兰安装：风管与法兰应配套，将法兰套在风管上，管段留出 6～9mm 的翻边量，使风管中心线与法兰平面保持垂直，用铆钉将风管与法兰锚固。无法兰矩形风管接口处的四角应有固定措施。

（6）接触部位处理：不锈钢风管用碳钢法兰时，法兰表面应进行镀铬或镀锌处理。不锈钢风管铆接应采用不锈钢铆钉，紧固件材质为碳钢时，其表面应进行镀铬或镀锌处理。

（7）风管翻边：风管翻边应使用木槌，翻边应平整并紧贴法兰，翻边四角不得撕裂，拐角处应拍打成圆弧形。

（8）风管加固：矩形风管纵、横向加固时，各加固件在风管加固面上应等距离布置。矩形风管弯头及圆形风管宜采用角钢加固形式。

11.8.5 实例或示意图

如图 11.8-1～图 11.8-3 所示。

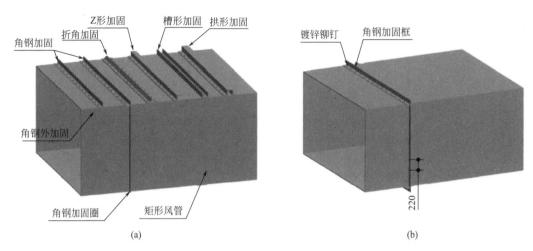

图 11.8-1　风管加固形式图

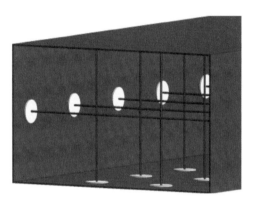

图 11.8-2　风管内支撑加固做法

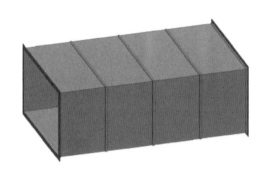

图 11.8-3　风管加固筋做法

11.9　风管角钢法兰制作

11.9.1　适用范围

适用于地下室送排风防排烟机房风管角钢法兰制作。

11.9.2　质量要求

风管法兰的焊缝应熔合良好、饱满，无假焊和孔洞；法兰平面度的允许偏差为 2mm，同一批加工的相同规格法兰的螺孔排列应一致，并具有互换性。

11.9.3　工艺流程

切割下料→法兰拼焊→法兰钻孔→除锈刷油→与风管铆接。

11.9.4 做法要点

（1）切割下料：角钢法兰长边长度等于风管长边加两个角钢宽度，短边等于风管短边宽度。法兰长边与风管接触一侧角钢断面应倒角处理。

（2）法兰拼焊：风管角钢法兰拼接应平整，法兰焊缝应熔合良好，填充饱满。

（3）法兰钻孔：角钢法兰应采用模具法钻孔，同一型号的法兰采用一个模具，以保证互换性。螺栓孔及铆钉间距排布均匀，且低、中压风管系统螺栓孔间距≤150mm，高压系统≤100mm，且法兰四角处设螺栓孔。

（4）除锈刷油：药皮、飞溅清理干净，除锈露出金属光泽，油漆涂刷均匀，附着牢固。最好采用镀锌角钢，局部拼接部位补涂银粉。

（5）与风管铆接：风管法兰与风管连接铆钉应采用与风管同材质的镀锌铆钉，尽量采用液压铆钉钳施工，法兰与风管连接紧密、无缝隙。

11.9.5 实例或示意图

如图 11.9-1 所示。

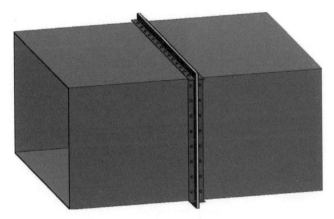

图 11.9-1 角钢法兰与风管连接做法

11.10 薄钢板法兰制作

11.10.1 适用范围

适用于地下室送排风防排烟机房薄钢板法兰制作。

11.10.2 质量要求

薄钢板法兰应采用机械法与风管一体加工，尺寸应准确，外观规整，四角应有螺栓连接，内外侧接缝密封胶涂抹均匀严密。

11.10.3　工艺流程

风管下料→法兰加工→连接件制作→角件连接→法兰安装。

11.10.4　做法要点

（1）风管下料：薄钢板法兰应与风管一起划线，法兰折边预留尺寸应满足折边需要。薄钢板法兰不适用于圆形风管、边长尺寸大于 2000mm 的矩形风管、防排烟风管以及压力大于 1500Pa 的风管。

（2）法兰加工：薄钢板法兰应采用机械加工，法兰表面应平直，机械应力造成的弯曲度不应大于 5‰。

（3）连接件制作：薄钢板法兰弹簧夹的材质应与风管板材相同，形状与规格应与薄钢板法兰相匹配，厚度不应小于 1.0mm，长度宜为 130~150mm。顶丝卡厚度不小于 3mm。

（4）角件连接：风管四角处的角件与法兰四角接口的固定应紧贴，端面应平整，相连处不应有大于 2mm 的连续穿透缝。薄钢板法兰的四角处应在其内外侧均匀涂抹密封胶密封。

（5）法兰安装：中压风管与组合法兰的铆接点间距宜为 120~150mm；高压风管与组合法兰的铆接点间距宜为 80~100mm；当风管长边尺寸≤1000mm 时，用弹簧夹固定。风管边长大于 1000mm 时，用顶丝卡固定；法兰端面粘贴密封胶条并紧固法兰四角螺丝后，方可安装弹簧夹或顶丝卡。

11.10.5　实例或示意图

如图 11.10-1、图 11.10-2 所示。

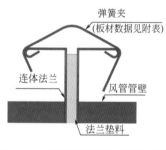

弹簧夹数据		
类别	板材厚度	板材长度
A型		
B型	1.0~1.2mm	150mm
C型		
D型	1.0~1.5mm	

图 11.10-1　风管薄钢板法兰弹簧夹安装做法

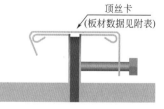

顶丝卡数据				
类别	板材厚度	长	宽	高
A型		33mm	30mm	20mm
B型	3mm	40mm	21/30mm	20mm
C型		31mm	25mm	20mm
D型		28mm	17/20mm	22mm

图 11.10-2　风管薄钢板法兰顶丝卡安装做法

11.11 风管支吊架安装

11.11.1 适用范围

适用于地下室送排风防排烟机房风管支吊架安装。

11.11.2 质量要求

支架型钢断面圆滑、切口光滑平直，焊缝饱满，油漆或镀锌层均匀。支架形式及间距符合规范要求，安装牢固。吊架吊杆垂直安装，露出横担的长度应一致，横担型钢开口方向统一。

11.11.3 工艺流程

支吊架制作→放线定位→膨胀螺栓安装→支架安装→绝热隔离→垂直风管支架固定。

11.11.4 做法要点

（1）支吊架制作：支吊架应采用机械下料和钻孔，焊接缝应满焊均匀，焊缝高度应与较薄焊接件厚度相同。采用圆钢吊杆时，与吊架根部焊接长度应大于 6 倍的吊杆直径。

（2）放线定位：应采用 BIM 模型进行排布定位，确定风管位置及尺寸。按风管中心线位置确定吊杆安装位置，双吊杆按横担的螺孔间距或风管的中心线对称安装。

（3）膨胀螺栓：露出长度应符合要求，螺栓至混凝土构件边缘的距离不应小于 8 倍的螺栓直径，螺栓间距不小于 10 倍的螺栓直径。

（4）支架安装：应先把两端的支吊架安好，再以两端的支吊架为基准，用拉线法找出中间支架的标高进行安装。一条风管的吊架应在同一条直线上，膨胀螺栓钻孔应保持在一条直线上，镀锌螺纹吊杆外部应加 PVC 防护套管。应注意：支吊架的设置不应影响阀门、自控机构的正常动作，且不应设置在风口、检查门处，离风口和分支管的距离不宜小于200mm。边长大于 1250mm 的风管弯头、三通等应设置单独的支吊架。

（5）绝热隔离：保温风管支吊架必须在横担上垫坚固的隔热材料，其厚度与保温材料相同，防止产生"冷桥"。所有阀门操作装置均设开关指示牌，操作装置露出保温层30～50mm。

（6）垂直风管支架固定：靠墙安装的垂直风管应采用悬臂托架，在风管法兰或加固框位置承托；竖井垂直风管采用托架，在风管法兰位置承托。

11.11.5 实例或示意图

如图 11.11-1～图 11.11-3 所示。

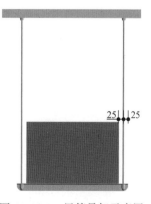

图 11.11-1 风管吊架示意图

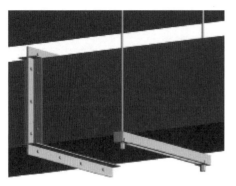

图 11.11-2　风管吊架 C 形横担做法

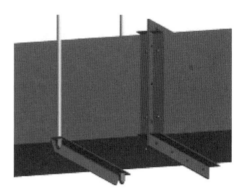

图 11.11-3　风管吊架角钢横担做法

11.12　风管防晃支架安装

11.12.1　适用范围

适用于地下室送排风防排烟机房风管防晃支架安装。

11.12.2　质量要求

防晃支架形式正确，与风管结合紧密，焊接焊缝饱满、油漆涂刷均匀。应采用型钢制作或采用成品支吊架，支架强度应满足要求，支架安装牢固，两臂与地面垂直，横担水平。严禁将支吊架焊接在承重结构及屋架的钢筋上。

11.12.3　工艺流程

支架制作→风管安装→支架划线安装。

11.12.4　做法要点

（1）支架制作：防晃支架应采用角钢或槽钢制作，如做成门形应尽可能摵制后焊接。采用丝杆横担管道时，应根据风管尺寸提前在型钢上相应位置钻孔，支架两壁间距离为风管宽度加 2 个隔离垫块厚度，非保温风管可不加隔离垫块。

（2）风管安装：风管吊装就位后，用各吊架将风管固定，然后调整找正风管。有外保温的风管应在管道下部垫隔热材料。应注意：悬吊的主干风管或长度超过 20m 的系统风管，应设置不少于 1 个防止风管摆动的固定支架，每个系统不应少于 1 个。

（3）防晃支架安装：风管位置调整后将型钢支架与楼板或梁上预埋铁焊接，或者用膨胀螺栓固定，安放上下丝杆。门形吊架安装时应提前加绝缘隔离垫。

11.12.5　实例或示意图

如图 11.12-1～图 11.12-3 所示。

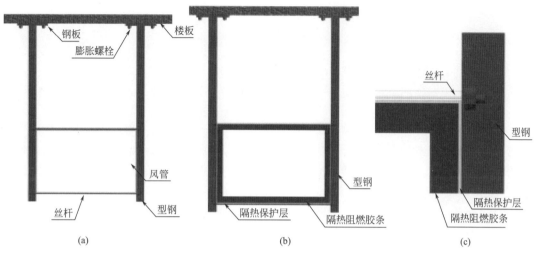

图 11.12-1　风管防晃支架安装

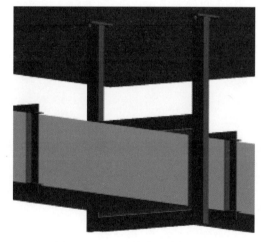

图 11.12-2　风管防晃支架安装

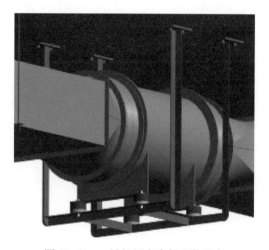

图 11.12-3　风机固定支架安装示意

11.13　抗震支架安装

11.13.1　适用范围

适用于地下室送排风防排烟机房抗震支架安装。

11.13.2　质量要求

抗震支架的形式、规格、强度应符合规范及设计要求，与风管结合紧密。抗震设防烈度 6 度及以上地区的防排烟风管、事故通风管及相关设备应采用抗震支吊架；重力大于 180kN 的风机，当采用吊装时应设置抗震支架，支架安装应牢固，横、纵抗震支架间隔距离及形式符合要求。

11.13.3　工艺流程

放样划线→风管安装→抗震支吊架安装。

11.13.4　做法要点

（1）放样划线：根据风管尺寸及中心线确定抗震支架的安装位置。划线时应按风管的中心线对称安装，根据风管的间距划出两侧吊杆的具体安装位置，根据风管的标高，确定吊杆的安装高度。放线时应注意：按刚性连接金属管道抗震支吊架间距为纵向长24m、侧向长12m来选择安装位置。

（2）风管安装：安装风管抗震支架的时候，预先可在地面上把干管和支管分段连接好，根据吊装情况和风管连接情况，再安装抗震支架。

（3）抗震支架安装：对于风管较长需要安装多个支架时，应先安装两端的吊架，然后再以两端的支架为基准，用拉线法确定中间支架的标高进行安装。安装后，应检查抗震支吊架是否牢固、准确。多根管道共用支吊架宜采用门形抗震支吊架。固定于混凝土结构的抗震支吊架使用的锚栓应采用具有机械锁键效应的后扩底型锚栓，混凝土强度不低于C30。

11.13.5　实例或示意图

如图11.13-1～图11.13-3所示。

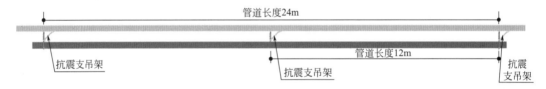

图11.13-1　抗震支架安装距离

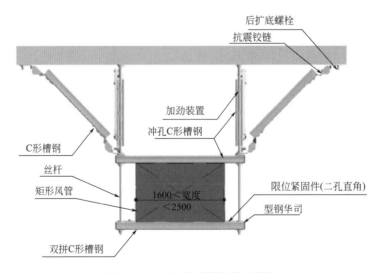

图11.13-2　抗震支架安装示意图

图 11.13-3　抗震支吊架安装效果图

11.14　金属风管安装

11.14.1　适用范围

适用于地下室送排风防排烟机房金属风管安装。

11.14.2　质量要求

风管连接两平面应平直，不得错位及扭曲。风管采用无法兰连接时，接口处应严密、牢固。矩形风管四角必须有定位及密封措施。

11.14.3　工艺流程

支吊架安装→风管组装→穿墙套管安装→风管安装→隔离垫安装→法兰安装→风管保温。

11.14.4　做法要点

（1）支吊架安装：支吊架安装应牢固，吊杆与风管保温层外侧的空隙不小于 10mm，风管末端支吊架与端头的距离应为 100～1000mm，支吊架间距为 3～4m。长度超过 20m 应设防晃支架，且每个系统不少于 1 个。

（2）风管组装：风管连接应平直、无扭曲，法兰连接螺栓应在同一侧，垫片压接严密，不凸入管内及法兰边缘。薄钢板法兰弹簧夹或顶丝卡的间距应≤150mm，最外端连接件距风管边缘不应大于 100mm。

（3）风管安装：风管安装时中心线应水平。风管沿墙体或楼板安装时，距墙面不宜小于 200mm，距楼板不宜小于 150mm。穿墙部位应加厚度不小于 1.6mm 的穿墙套管，安装后进行防火封堵。

（4）风管安装：风管吊杆安装应垂直，同一条风管横担型钢开口方向宜一致，吊杆在一条直线上。

（5）隔离垫安装：不锈钢板、铝板风管与碳素钢支架的横担接触处，应用 3mm 硬橡胶垫隔离。

（6）法兰安装：风管法兰应采用镀锌螺栓连接，垂直安装的风管法兰，应从上往下穿螺栓，以保护螺纹不被水泥等损坏，螺栓应受力均匀，螺母方向一致。应注意：不锈钢法兰连接宜用不锈钢螺栓。铝板风管法兰连接应采用镀锌螺栓，并在法兰两侧垫镀锌垫圈。

（7）风管保温：矩形风管粘接固定保温钉时，底面≥16 个/m^2，立面≥10 个/m^2，上表≥8 个/m^2；风管绝热材料长边按风管边长加 2 个绝热层厚度，短边为净尺寸；风管底面不应有纵向拼缝，小块绝热材料可铺设在风管上平面。

11.14.5 实例或示意图

如图 11.14-1～图 11.14-4 所示。

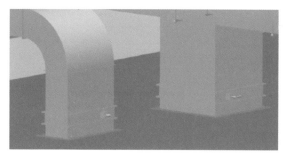

图 11.14-1 风管吊架及穿楼板做法

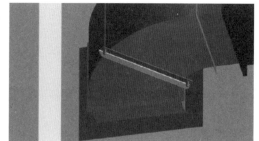

图 11.14-2 风管弯头吊架及穿墙做法

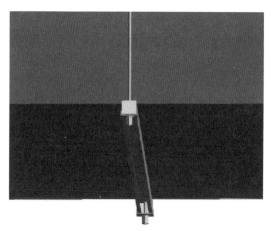

图 11.14-3 风管 C 形吊架安装做法

图 11.14-4 风管连接及支架安装做法

11.15　防排烟风管防火包覆

11.15.1　适用范围

适用于地下室送排风防排烟机房防排烟风管防火包覆。

11.15.2　质量要求

风管与配件接缝应严密，折角平直，板材的连接、密封、加固及法兰与风管的连接应牢固可靠，风管无明显扭曲与翘角，表面平整。

11.15.3　工艺流程

轻钢龙骨圈制作→骨架安装→防火板切割下料→防火板包覆→密封填塞→防火阀包覆→防火板支架增设。

11.15.4　做法要点

（1）轻钢龙骨圈制作：根据镀锌风管的尺寸，分别裁切 U50 天地骨及 L 形轻钢龙骨，并用抽芯铆钉将 U50 轻钢龙骨紧贴固定在镀锌风管外侧，形成龙骨圈。轻钢龙骨圈排布中心距为 950mm。

（2）骨架安装：用抽芯铆钉将 L 形轻钢龙骨固定在 U50 轻钢龙骨圈上，形成完整的轻钢龙骨骨架。当风管长度大于 950mm 时，应在轻钢龙骨骨架上增加 U50 龙骨圈。

（3）防火板下料：根据风管尺寸及轻钢龙骨骨架下料，并进行防火板切割。

（4）防火板包覆：用自攻螺钉将防火板固定在轻钢龙骨架上，做成铁皮风管包覆，自攻钉间距 200～250mm，所有自攻钉须沉入板面≥1mm。

（5）密封填塞：龙骨与板材安装完毕 24h 后，用嵌缝腻子将所有板缝、钉孔密实填塞，第一层嵌缝料干后进行第二道腻子抹平，宽度比第一次宽 40mm，24h 后用砂纸打磨光滑。

（6）防火阀包覆：风阀等部件及设备与防火板的风管连接时，应单独设置支吊架，该支吊架不能作为风管的支吊点。防火阀的操作手柄位置必须预留出来。

（7）防火板支架增设：风管的支吊点距风口、风阀及自控操作机构的距离不少于200mm。有防火板包覆的防排烟风管，需要对防火板及龙骨单独设置支架，风管与横担之间加设防火板。

11.15.5　实例或示意图

如图 11.15-1～图 11.15-3 所示。

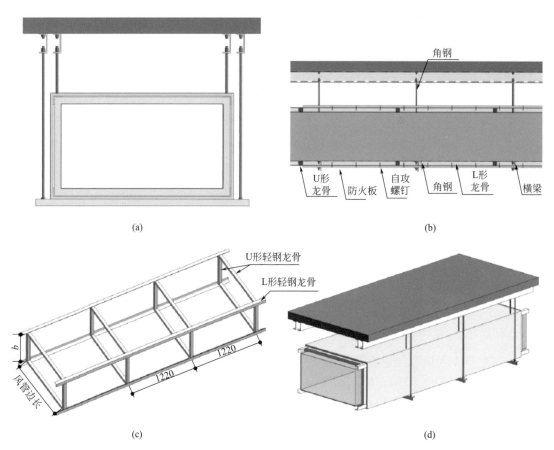

(a)

(b)

(c)

(d)

图 11.15-1 防火风管包覆示意图

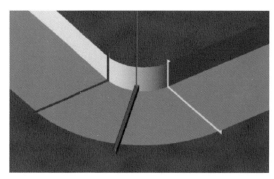

图 11.15-2 防火风管弯头连接及吊架做法

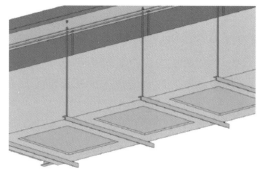

图 11.15-3 防火风管安装做法

11.16 风口安装

11.16.1 适用范围

适用于地下室送排风防排烟机房风口安装。

11.16.2　质量要求

送排风防排烟风口应表面平整、无变形，安装位置准确，调整灵活可靠，风口与风管连接严密、牢固，与装饰面贴紧；条形风口接缝处应衔接自然，无明显缝隙；同一空间内的相同风口安装高度一致，排列整齐有序。

11.16.3　工艺流程

风口布置→风口安装→风口与风管连接。

11.16.4　做法要点

（1）风口布置：风口位置不应有阻挡物，在同一平面上的送、回风口间距不小于1200mm。

（2）风口安装：明装风管上的风口应安装在凸出的短管上，不应直接安装在风管表面，吊顶上安装的风口与吊顶要协调，分布均匀成排成线。当有特殊要求或风口较重时，应设置独立的支吊架。

（3）风口与风管连接：风管与风口应结合紧密，过渡自然，布置美观。

11.16.5　实例或示意图

如图11.16-1、图11.16-2所示。

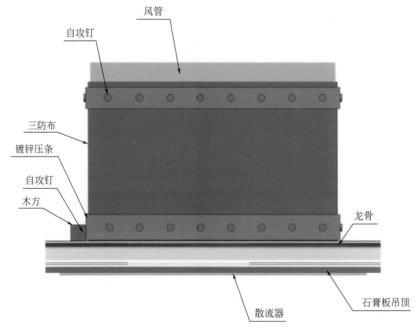

图11.16-1　吊顶上排风口安装示意图

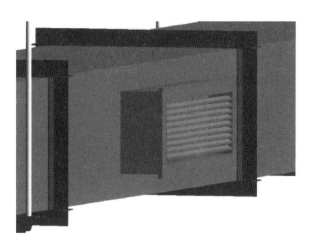

图 11.16-2　风管上排风口做法

11.17　送排风管道防火阀安装

11.17.1　适用范围

适用于地下室送排风防排烟机房送排风管道防火阀安装。

11.17.2　质量要求

防火阀应符合产品质量要求，安装位置、方向、感温原件的温度应符合规范要求，并按要求设置单独支吊架。

11.17.3　工艺流程

检查布置→防火阀安装→支吊架安装。

11.17.4　做法要点

（1）检查布置：应设 70℃ 常开防火阀的部位有穿越防火分区处，穿越通风、空调机房的隔墙和楼板处，穿越重要或火灾危险性大的场所的房间隔墙和楼板处，穿越防火分割处的变形缝两侧，竖向风管与每层水平风管交接处的水平管段上。

（2）防火阀安装：通风系统穿越防火墙的防火阀，安装时一般朝向火灾危险性较大的一侧，防火阀温度熔断器应设在迎风侧。防火阀距墙表面不大于 200mm。

（3）支吊架安装：直径或边长大于 630mm 的防火阀应设固定独立支吊架，且不得阻碍阀门检修及操作，做保温时应留置观察口。

11.17.5　实例或示意图

如图 11.17-1～图 11.17-4 所示。

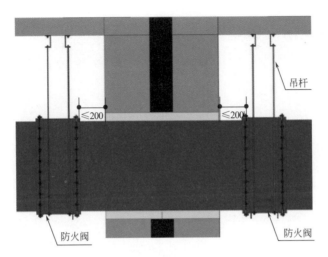

图 11.17-1 风管穿伸缩缝部位防火阀安装图

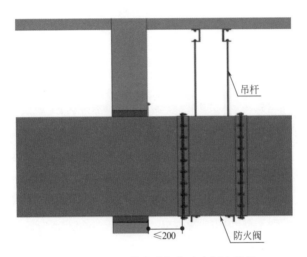

图 11.17-2 风管穿墙部位防火阀安装图

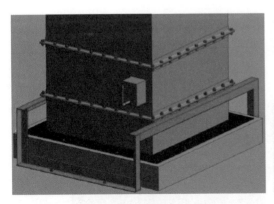

图 11.17-3 风管穿楼板处防火阀做法

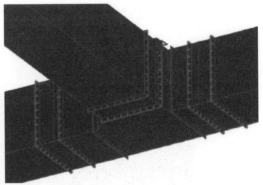

图 11.17-4 水平风管分支处防火阀做法

149

11.18 排烟防火阀安装

11.18.1 适用范围

适用于地下室送排风防排烟机房排烟防火阀安装。

11.18.2 质量要求

防火阀的位置、方向、感温原件的温度应符合要求，排烟防火阀应设置独立的支吊架，安装牢固，防火阀距墙不大于 200mm。防火阀两侧各 2.0m 范围内的管道及其绝热材料应采用不燃材料。

11.18.3 工艺流程

防火阀排布→支吊架制作、安装→防火阀安装→防护标识。

11.18.4 做法要点

（1）防火阀排布：需要设置 280℃排烟防火阀的部位有垂直风管与每层水平风管交接处的水平段上，一个排烟系统负担多个防烟分区的排烟支管上，以及排烟风机入口处。

（2）支吊架制作、安装：排烟防火阀应设独立的支吊架。

（3）防火阀安装：防火阀应安装在紧靠墙或楼板的风管管段中，防火阀至防火墙的风管其壁厚应大于 2mm。防火阀两侧 2.0m 范围内的风管及其保温材料和胶粘剂应采用不燃材料。防火阀熔断片应安装在朝向火灾危险性较大的一侧。

（4）防护标识：当风管采用不燃材料防火隔热时，阀门处应有明显标识。安装在室外的排烟防火阀的执行机构应有防雨措施。

11.18.5 实例或示意图

如图 11.18-1～图 11.18-4 所示。

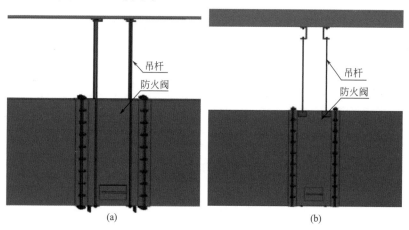

图 11.18-1 防火阀吊架安装图

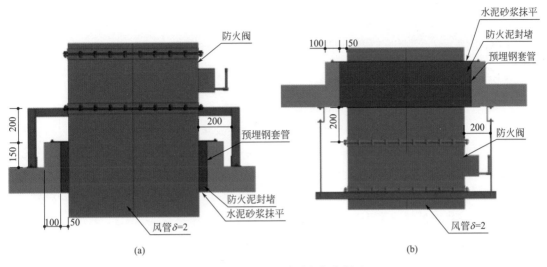

(a)　　　　　　　　　　　　　　　　(b)

图 11.18-2　防火阀穿楼板部位做法

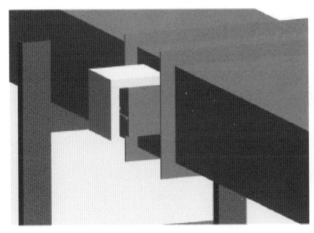

图 11.18-3　室外防火阀执行机构防护做法

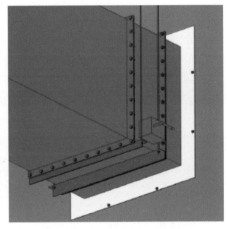

图 11.18-4　防火阀穿墙部位做法

11.19　柔性短管安装

11.19.1　适用范围

适用于地下室送排风防排烟机房柔性短管安装。

11.19.2　质量要求

柔性短管的耐火等级应符合设计要求，安装应松紧适度，连接应严密、牢固、可靠。目测平顺，不应有强制性的扭曲，长度为 150～250mm。

11.19.3　工艺流程

材料检验→短管制作→短管安装→柔性短管调整→短管紧固、压接。

11.19.4　做法要点

（1）材料检验：柔性短管制作应规范，接缝严密、无破损，不得承受除自重、系统风压之外的其他载荷，耐热等级与防火性能应达到设计要求。

（2）短管制作：柔性短管不应为异径连接管，两端面形状应大小一致，两侧法兰应平行。柔性短管的长度为150～300mm，宜采用机械制作的成品柔性短管。

（3）短管安装：柔性短管前后的风管应保持同轴，安装后应松紧适度，无开裂、扭曲现象，距离柔性短管1m之内应设置防止风管摆动的防晃支架，不得将风管软连接作为天圆地方变径管使用或作为设备末端接口追位连接部件使用。风管穿越建筑结构变形缝墙体时，应在墙两侧设置长度为150～300mm的柔性短管，距离墙体宜为150～200mm。风管穿越结构变形缝空间时，应设置柔性短管，其长度宜为变形缝的宽度加100mm以上。

（4）柔性短管调整：装在风机吸入端的柔性短管，安装时宜稍紧一些，防止风机转动时被吸入；柔性短管两侧风管应进行跨接。

（5）短管紧固压接：圆形风管的柔性短管可采用喉箍方式与风管连接。矩形风管柔性短管与角钢法兰组装，可采用条形镀锌钢板压条通过铆接的方式连接，压条翻边6～9mm，紧贴法兰，铆接平顺；铆钉间距为60～80mm。

11.19.5　实例或示意图

如图11.19-1～图11.19-4所示。

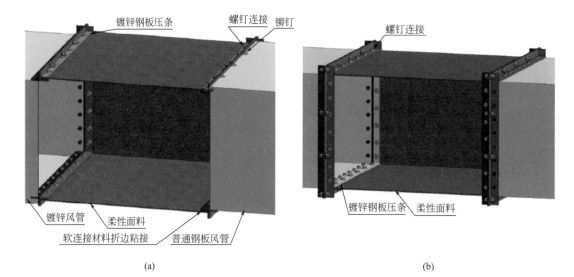

(a)　　　　　　　　　　　　　　　　(b)

图11.19-1　柔性短管压接做法

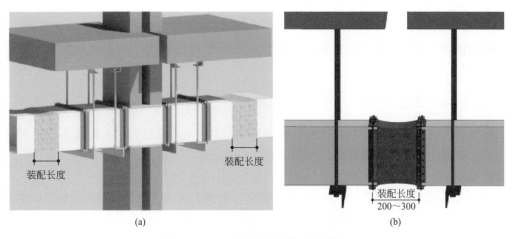

(a)　　　　　　　　　　　　　　(b)

图 11.19-2　柔性短管过沉降缝做法

图 11.19-3　风机出口柔性短管
跨接及连接方法

图 11.19-4　伸缩缝处风管柔性短管做法

11.20　风管铝箔玻璃棉板保温

11.20.1　适用范围

适用于地下室送排风防排烟机房风管铝箔玻璃棉板保温。

11.20.2　质量要求

玻璃棉板保温应紧贴风管表面、包扎牢固、松紧适度，不得有褶皱、错位等现象。绝热层的纵、横向接缝应错开，风管底部保温材料不应有纵向接缝，缝间不应有空隙，与管道结合紧密。

11.20.3 工艺流程

风管清理→粘贴保温钉→铝箔玻璃棉板裁剪→粘贴保温材料→加固与包角→粘铝箔胶带。

11.20.4 做法要点

（1）风管清理：用抹布将风管表面擦拭干净，除去灰尘、油污、水渍等杂物，并使其干燥。应注意：绝热材料进场时，应对其导热系数或热阻、密度、吸水率等性能进行见证取样复验。

（2）粘贴保温钉：应采用铝制保温钉。将401胶均匀涂抹在风管外壁和保温钉的粘结面上，待其表面微干后粘结在一起。保温钉粘贴数量为：风管底面16只/m²，侧面10只/m²，上面8只/m²。首行保温钉距保温材料边缘的距离不大于120mm。应注意：粘钉24h后，用力拉扯保温钉不松动脱落方可粘贴保温材料。

（3）铝箔玻璃棉板裁剪：按照风管尺寸划线下料，使用钢锯条切割。下料时应使保温材料的长边夹住短边，小块的保温材料尽量使用在风管的上面。

（4）粘贴保温材料：将裁剪好的铝箔玻璃棉板与风管表面对正后轻轻贴在风管上，使保温钉穿出玻璃棉板，用保温钉压盖将其固定。压盖应松紧适度、压紧均匀，将长出的保温钉弯曲过来压平。应注意：绝热施工时，不应遮盖设备铭牌，保温板纵、横缝应错开，拼缝严密平整。

（5）加固与包角：对大边边长大于1200mm的风管，应在保温层外每隔500mm加一道打包带，保温风管四个边角加铁皮包角。

（6）粘铝箔胶带。保温材料粘贴牢固后，将玻璃棉板的拼缝用铝箔胶带封严。胶带宽度为：平拼缝处为50mm，风管转角处为80mm。胶带粘贴不得出现胀裂和脱落。

11.20.5 实例或示意图

如图11.20-1～图11.20-4所示。

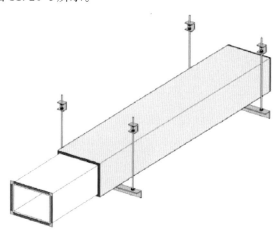

图11.20-1 风管支架部位保温示意图

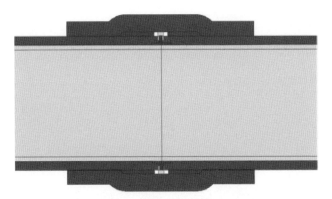

图 11.20-2　风管法兰部位保温示意图

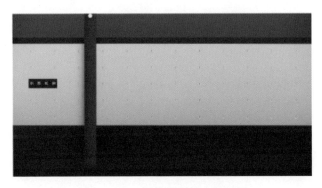

图 11.20-3　风管保温施工效果图

图 11.20-4　风管保温钉粘贴效果图